동유럽·터키를
가슴에 담다

태원용 여행 이야기 ❹

동유럽·터키를 가슴에 담다

발행일   2019년 10월 30일

지은이   태원용
펴낸이   손형국
펴낸곳   (주)북랩
편집인   선일영   편집   오경진, 강대건, 최예은, 최승헌, 김경무
디자인   이현수, 김민하, 한수희, 김윤주, 허지혜   제작   박기성, 황동현, 구성우, 장홍석
마케팅   김회란, 박진관, 조하라, 장은별
출판등록 2004. 12. 1(제2012-000051호)
주소   서울특별시 금천구 가산디지털 1로 168, 우림라이온스밸리 B동 B113~114호, C동 B101호
홈페이지 www.book.co.kr
전화번호 (02)2026-5777   팩스   (02)2026-5747

ISBN   979-11-6299-918-9 03980 (종이책)   979-11-6299-919-6 05980 (전자책)

이 도서의 국립중앙도서관 출판예정도서목록(CIP)은 서지정보유통지원시스템 홈페이지(http://seoji.nl.go.kr)와
국가자료공동목록시스템(http://www.nl.go.kr/kolisnet)에서 이용하실 수 있습니다.
(CIP제어번호: CIP2019043405)

(주)북랩 성공출판의 파트너

북랩 홈페이지와 패밀리 사이트에서 다양한 출판 솔루션을 만나 보세요!

홈페이지 book.co.kr   •   **블로그** blog.naver.com/essaybook   •   **출판문의** book@book.co.kr

1992년 나 홀로 여행에서 2018년 가족여행으로

동유럽·터키를 가슴에 담다

글/사진 태원용

북랩 book Lab

1992년에 나 홀로 배낭을 둘러매고 세계여행을 했다. 다녔던 많은 도시들 가운데 부다페스트, 빈, 프라하, 인스부르크, 잘츠부르크, 베네치아를 가족과 함께 다시 찾았다. 강산이 두 번 넘게 바뀌었다. 자연과 건물은 변하지 않고 그 모습 그대로였다. 이젠 머리가 희끗희끗한 중년이 되어 함께 그 길을 걸으니 감회가 새로웠다.

언젠가는 가족과 다시 오겠다고 다짐했는데, 26년 만에 이루었다. 청년의 때를 떠올리며 흐르는 세월을 생각하니 만감이 교차했다. 맛있는 음식을 먹을 때와 경치 좋은 곳을 보면 가족을 떠올린다. 함께 하면 좋겠다고 생각했다.

여행하지 않는 사람은 살면서 두꺼운 책의 앞부분만 읽은 사람과 같다. 궁금함과 호기심이 많아서 여행을 좋아한다. 42일 동안 동유럽 9개국과 이탈리아, 터키를 여행했다. 가족여행으로 세 번째다.

'시베리아 횡단 기차 여행'

'미국, 캐나다 여행'

여행은 인생처럼 머물 수 있는 시간이 한정되어 있다. 낯선 곳에서 당황하여 시간 낭비와 스트레스를 받고 싶지 않다. 알찬 여행을 위해 떠나기 전까지 준비했다. 간혹 예기치 않은 돌발 변수는 자유여행이 주는 독특한 양념이다.

나 홀로 여행도 좋지만, 가족과 함께하는 여행은 살면서 한 번씩 꺼내어 보는 소중한 추억이 된다. 가족여행을 준비하는 사람들에게 도움이 되면 좋겠다.

CONTENTS

8. 이탈리아

9. 슬로베니아

13. 터키

1. 이스탄불

바람이 불어오는 그곳으로 간다

여행은 반복된 일상으로부터 떠남이다. 본인에게 주는 선물이다. 다른 곳에 대한 설렘과 기대가 있다. 새로운 만남이다. 시간은 무엇을 하든 흘러간다. 하늘을 나는 비행기를 보면 반갑다. 안에 있는 사람들이 부럽다. 어디론가 미지의 세계로 떠나고 싶어진다.

여행을 계획하고 떠날 준비를 마쳤다. 공항에서는 설렘과 안도감이 교차한다. 조금 있으면 하늘로 힘차게 오른다. 이곳과는 뭔가 다를 것 같은 햇살과 바람이 부는 곳으로 간다. 익숙하지 않은 자연과 삶의 모습을 보고 느끼고 싶다. 그곳에서라면 몸과 마음이 가벼워지고 머리는 맑아질 것이다. 생각만으로도 얼굴에 잔잔한 미소가 가득하다.

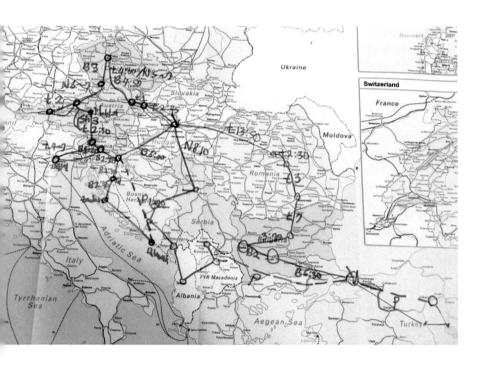

인천공항에서 유심인 EE 심과 쓰리심을 우여곡절 끝에 구입했다(유로밍 3개월짜리 58,000원). 여행할 국가와 도시 간의 이동 편과 시간을 확인했다. 처음 여행 계획은 동유럽 12개국과 터키와 이탈리아였다. 여행 기간이 42일이므로 지난 몇 년간의 여행보다 시간적인 여유가 있다. 하지만 여행할 도시가 많아서 빡빡할 것 같다. 여행을 바쁘게 할 필요는 없다. 동유럽은 9개국으로 변경했다. 먼저 출국하여 터키, 불가리아, 루마니아를 여행하고, 부다페스트에서 가족을 만난다. 가족 자유여행이므로 안전한 숙박과 교통편, 이동 거리는 중요하다. 숙소 예약을 마쳤다.

아시아나 마일리지로 항공 티켓을 발권했다. 경유하지 않고 이스탄불에 바로 도착한다. 좁은 좌석이 불편하지만, 여행의 설렘으로 견딜 만했다. 오전 9시 50분에 이륙한 비행기에서 영화 세 편을 보았다. 오후 4시 20분에 이스탄불 하늘에 도착했다. 돌이킬 수 없는 지나간 시간을 거슬러 날아왔다. 터키 시계는 대한민국보다 6시간 늦게 간다. 작은 창문으로 햇살이 바다에 반사되어 눈이 부시다.

일기예보를 검색했을 때는 27도여서 여행하기 좋은 기온이라고 생각했다. 그런데 도착하고 보니 33도다. 햇볕이 뜨겁다. '하바 공항버스'가 중심가인 탁심까지 편리하게 간다. 버스 요금은 12리라(1리라 260원)이며 40분 걸린다고 한다. 옆 좌석에 앉은 눈이 큰 아가씨에게 인사를 건넸다.

"하이!"

"하이. 난 이란에서 왔고 이름이 라일라야."

"넌 한국에서 왔지?"

"어떻게 알았어?"

"딱 보니 한국 사람이네. 한국 노래와 드라마를 좋아해."

중동 지역에서도 한류 열풍을 실감했다.

나는 라일라가 중동 사람이구나 짐작만 했을 뿐이다. 이란 사람일까, 사우디아라비아 사람일까 생각하지 않았다.

공항에는 검은 천으로 얼굴과 몸 전체를 뒤집어쓰고 있는 여성들이 많았다. 종교가 삶을 강력하게 지배하고 있다고 생각했다. 라일라에게 이슬람교의 상징 중 하나인 히잡에 관해 물었다. 히잡은 세 종류가 있는데, 집안 분위기에 따라 다르다고 한다. 공항 출국 심사대를 통과하자마자 화장실로 가서 히잡을 벗고 편한 옷으로 갈아입는다고 한다. 버스 안은 출발 전이라 에어컨이 가동되지 않아 더웠다. 라일라는 짧은 티셔츠와 반바지를 입고 있었다. 활짝 웃는 얼굴만큼 시원해서 보기 좋았다. 여행은 만남을 통해 지식을 얻고 몸으로 경험하는 살아 있는 공부다.

이스탄불에서의 첫날

터키는 지중해성 기후로 연중 300일 이상 맑고 화창하다. 여행하기 좋은 날씨다. 7월과 8월은 뜨거운 햇살이 에게해와 지중해 위로 쏟아진다. 이스탄불은 세계 각지에서 온 관광객들로 항상 북적인다. 게스트하우스에서 체크인하고 더위로 지친 몸을 샤워하니 마음까지 상쾌하다.

스태프가 잠시 후 선셋 뷰포인트에 간다고 한다. 카메라를 챙기고 따라나섰다. 1992년에 왔을 때는 트램에 대한 기억이 없다. 지금은 화려한 광고사진이 붙은 트램이 달리고 있다. 기본요금 1회당 4리라. 교통카드를 사용하면 2.15리라. 내린 후 2시간 이내에 첫 번째 환승하면 1.60리라이고, 두 번째 환승은 1.50리라. 교통카드에 잔액이 부족하면 충전하면 된다. 자판기에 10리라를 넣고 카드를 구입했다. 잔액 4리라가 충전

되어 있고, 카드는 환불되지 않는다. 밴쿠버와 같다. 기념품으로 생각하는 것이 속 편하고 정신건강에 좋다.

네 정거장을 달려 내렸다. 거리는 퇴근하는 사람과 관광객들로 복잡했다. 높은 빌딩과 아파트가 없는데, 이스탄불 인구는 서울보다 많은 1,500만 명이다. 신기하다.

한낮에 이글거리며 뜨겁게 내리쬐던 태양은 이제 쉬러 간다. 바닷바람이 시원하다. 보스포루스해협에 유럽과 아시아를 잇는 600m 자동차 전용 다리가 멋지다. 문명이 교차하며 한때 세계사의 중심을 차지했던 터키에 발 딛고 있다.

갈라타 다리 위에서는 예전처럼 많은 사람이 낚싯줄을 드리우고 있다. 투망을 보니 씨알이 제법 굵은 물고기들이 잡혔다. 오늘 저녁 식탁에 올라 가족들의 입을 행복하게 해줄 것이다. 이 물고기는 어디서 왔을까? 아시아? 유럽?

검은 능선 너머로 떨어지는 붉은 태양을 물끄러미 바라보는 사람들이 많다. 순식간에 뿅 하고 떠오르는 일출보다 아쉬움을 남기며 은은하게 하늘을 물들이는 노을이 좋다.

요즘 나이 든 사람 뒷모습에 눈이 머문다. 무슨 생각을 하고 있는지 느낌으로 조금은 알 것 같다. 희끗희끗한 머리, 깊게 파인 주름진 목덜미, 축 처진 어깨…. 마음이 가라앉고 기운도 예전 같지 않다. 세월이 빠르게 흘러감이 야속하리라. '저 할아버지는 무슨 생각을 할까?' 쓸쓸하게 보이는 것이 나만의 생각이라면 좋겠다.

풍등을 재밌게 날리는 커플이다. 몇 차례 시도했지만 결국 하늘로 날지 못하고 아쉽게 바다로 풍덩, 한다. 그러면서도 행복하다는 듯 서로가 애정의 눈으로 바라보며 미소 짓는다. 내 입가에도 미소가 피어났다.

도착 첫날 저녁 식사는 다시 먹고 싶었던 고등어 케밥으로 정했다. 갈라타 다리 아래 에미뇌쥐 식당이 최고의 맛집이라고 검색해두었다. 스태프가 현지인이 즐겨 찾는 곳을 안내하겠다고 한다. 갈라타 다리를 건너 허름한 뒷골목을 20여 분 걸었다. 동네 청년들과 꼬마들이 놀고 있다. 어설픈 노점 몇 군데를 지나갔다. 마른 남자가 숯불을 피워 고등어를 굽고 있다. 주문하고 2층으로 올라갔다. 전망이 괜찮다. 짭조름하게 간이 된 고등어 케밥과 시원한 캔맥주로 이스탄불 첫날을 축하하는 건배를 했다.

스태프는 이스탄불의 멋진 야경을 볼 수 있는 루프 탑을 소개해주고 볼일을 보러 갔다. 불빛이 반짝이는 골목길을 걷다가 카페 간판을 발견하고, 두꺼운 철문과 좁은 엘리베이터를 타고 5층 루프 탑에 도착했다. 넓은 카페에는 빈자리가 없을 정도로 사람들로 가득했다. 갈라타 탑이 바로 옆이 있다. 바다 야경과 우주선같이 생긴 이국적인 모스크가 보였다. 이스탄불에 온 것이 실감 났다. 8시 30분이 지나니 어둠이 서서히 내린다.

10시 30분. 이제 집으로 돌아가야 한다. 세월이 고스란히 느껴지는 이스탄불 골목길을 걷고 싶다. 이스탄불에 며칠 먼저 도착한 일행은 익숙하게 구글 맵을 켜고 앞장서서 편하다. 걸어서 숙소까지 30분 걸렸다. 샤워하고 나니 12시다. 내일은 무엇을 보게 되며 어떤 일들을 만나게 될지, 기다려지고 기대된다.

26년 만에 걷는 이스탄불 대학교

이스탄불은 로마가 중심을 동쪽으로 옮겨, 천 년 동안 고유의 전통과 문화를 간직하고 있는 거대한 도시다. 동로마제국과 비잔티움의 수도였으며, 아시아와 유럽의 관문이다. 동서양의 문화를 볼 수 있다. 현재와 과거가 공존한다.

탁심광장으로 가기 전에 있는 국제여행사로 가기 위해 오르막길과 가파른 계단을 올랐다. 아침부터 숨이 차고 뜨거운 햇살에 땀이 쏟아진다. 여직원이 수줍어하면서 친절하게 설명한다. 소피아로 가는 버스표를 110리라에 샀다. 국경을 넘는데 생각보다 저렴하다. 내일 아침 9시에 출발하여 오후 6시에 불가리아 수도 소피아에 도착한다. 9시간이 걸리는 장거리 버스 여행이다. 버스 타는 장소를 물으니 7시 50분에 이곳으로 오면 버스 종합 터미널까지 데려다준단다. 잘됐다. 오늘 제일 중요한 것을 했기에 마음에 여유가 생겼다.

지하철역은 러시아 역과 분위기가 비슷하면서 달랐다. 러시아 역은 벽화가 작품이었고, 인테리어 또한 예술적으로 멋있다. 이곳의 벽화는 단순하며 실내조명이 어둡다. 날렵하게 생긴 지하철이 도착했다. 지하철 안은 깨끗하고 조용하다.

기억에 남아 있는 이스탄불 대학교 정문이 보이지 않는다. 이스탄불에 2박 3일만 머물기 때문에 유심을 사지 않았다. 휴대폰에 이스탄불 시내 지도를 다운받아 보는데, 작아서 잘 모르겠다. 종이 지도를 펼쳐 보았지만, 방향을 못 잡겠다. 이제 묻는 것의 시작이다. 모르면 물어야 한다. 친절하게 대답은 잘해주지만, 사람마다 다르게 이야기한다. 드디어 이스탄불 대학교 정문이 보인다. 세월이 흘러도 변함없는 것이 석조

건물의 장점이다. 그때 그 모습이어서 반갑다.

정문 관리실에 여권을 맡기고 방문 출입증을 받아 검색대를 통과한 후 안으로 들어갔다. 다른 여행자들은 여권이나 신분증이 없어서 들어가지 못했다. 이스탄불 대학교는 1453년 오스만튀르크 제국의 술탄 메메트 2세가 이스탄불 점령 후 설립했다. 세계적으로 유명한 작가 오르한 파묵이 졸업한 국립 종합대학교다. 한국과 비교하면 서울대학교 수준이다. 아름드리나무 잔디 위에 학생들이 앉아 이야기를 나누고 있다. 학생들이 스마트하게 생겼다. 영특한 사람들은 보면 표가 난다. 전체적인 분위기와 조경이 필리핀 대학교를 걷는 것 같다. 본관 로비에는 학교 역사와 터키 항쟁의 사진들이 전시되어 있다. 이스탄불 거리를 걸으면서 옛 친구를 우연히 만나면 좋겠다고 생각했다. 영화 같은 만남은 일어나지 않았다.

시장은 삶의 현장이다

여행지에서 꼭 가보는 곳이 시장이다. 생동감과 활력이 넘치는 삶의 모습을 본다. 부지런히 일하는 상인들에게 에너지를 받는다. 대형마트는 거대 자본으로 획일화되어 밋밋하지만, 재래시장은 지역마다 특징이 있고 사람 사는 냄새가 난다. 자유로운 분위기에 마음이 편하다. 흥정하는 재미와 덤으로 주는 넉넉함이 좋다. 마트는 계산대에서 돈이 조금 모자라면 살 수 없다.

이스탄불 대학교에서 걸어서 10분 거리에 있는 그랜드 바자르에 왔다. 이름에서부터 크기를 가늠한다. 바자르는 시장이라는 뜻이다. 이스탄불에 오면 한 번은 찾아간다. 특산품과 기념품을 판매하는 관광명소다. 돌로 만든 입구는 작지만 고풍스럽다. 오래된 유적지를 보는 것 같다.

검색대를 통과하면 필리핀에 있는 대형건물처럼 경비하는 사람이 몸과 소지품 검사를 한다. 생각보다 훨씬 넓어 놀란다. 세계에서 가장 크고 오래된 시장이다. 터키 10대 술탄인 술레이만 1세가 지금과 같은 대규모로 확장했다.

천장은 대형 아치형 돔으로서 타일로 장식되어 있다. 다양한 무늬가 예사롭지 않다. 시장 북새통을 실감한다. 전쟁 중의 피난민 행렬처럼 통로마다 사람들로 가득하다. 다양한 소음이 한꺼번에 들려 귀가 먹먹하다. 안으로 바로 들어가지 않고, 눈과 귀가 서서히 적응될 때까지 기다리는 것이 좋다. 시간이 조금 지나면서 시장 내부 풍경들이 하나씩 눈에 들어오기 시작한다.

오늘은 물건을 사러 온 것이 아니고 구경하러 왔기에 여유를 부린다. 사람들은 썰물과 밀물이 되어 자연스럽게 흐른다. 어느 곳은 대형 운동장에서 운동 경기를 응원하는 것처럼 소란스럽다. 하루에 평균 30만 명이 방문한다. 입구는 크게 4곳이 있고, 작은 입구가 20여 개 있다. 60여 개의 미로 같은 길이 이어져 있다. 다양한 물건을 파는 상점이 5,000여 개가 있다. 그야말로 없는 것 빼고 다 있다. 동서양에서 팔 것들은 다 모아둔 것 같다. 비잔틴 시대부터 아시아-유럽의 교역 중심지임을 실감한다.

점원이 "헤이, 마이 프렌드!" 하고 활짝 웃으며 손을 흔든다. 어디서 왔는지 묻는다. 한국에서 온 반가운 친구라면서 좋아한다. 물건에 관심을 보이면 나를 위한 특별한 가격이 찍힌 계산기를 보여준다. 나는 빙그레 웃는다. 터키식의 진한 커피나 달달한 애플 티를 마시면서 설명을 듣는다. 나오면서 반가웠다고, 구경 잘했다고 하면, 즐거운 여행을 하고 다음에 다시 오라고 악수를 한다. 대부분 관광객은 흥정을 잘해서 값을 많이 깎았다고 좋아한다. 알고 보면 비싸게 주고 샀다. 현지인들이 애용하는 로컬 시장에서 기념품과 필요한 물건을 사는 것이 훨씬 저렴하다. 시장 바깥에도 가게들이 많고, 다양한 물건들을 많이 판다. 터키에 온 것을 실감하며 재미있게 시장 구경 한번 잘했다.

종교는 다를지라도 기도 내용은 비슷할 것이다

지구에는 많은 종교가 존재한다. 수천 년 동안 흥망성쇠가 있어 온 국가와 문명처럼 종교도 그렇다. 여러 나라를 여행하면서 다양한 종교 시설과 하루의 대부분을 제례 음식을 준비하고 제사하는 데 쓰는 사람들을 보았다. 사람들이 믿는 신은 존재하는 것일까? 신의 뜻은 무엇일까? 신이라면 이 상황에서 어떻게 하기를 원할까? 누구나 고민하는 공통된 질문이다.

터키 국민의 98%가 이슬람교다. 이슬람교는 세계 3대 종교 중 하나다. 7세기 초 유일신인 알라의 계시를 받아 무함마드가 창시한 종교다. 이슬람은 '신에게 복종한다.'라는 뜻이다. 이슬람교도들은 모든 상황에서 '인샬라'라고 말한다. 인도에서는 하루에도 여러 번 '노 프러블럼'을 듣게 된다. 처음에는 무책임하고 속 편한 자기 합리화 같았다. 그런데 이제는 그들이 믿는 신에 대한 믿음의 표현이라는 생각이 든다.

뜨거운 햇살이 짱짱하게 쏟아지는 오후다. 하루에 다섯 번 모스크에서 울려 퍼지는 애잔하게 들리는 '아잔'을 들으면서 술탄 아흐메트 모스크에 도착했다. 지붕이 푸른색 타일이어서 블루 모스크라는 이름으로

더 알려졌다. 1616년에 아야소피아처럼 큰 모스크를 만들고 싶어서 완공했다. 우주선처럼 생긴 커다란 돔이 여러 개 겹쳐 있다. 뾰쪽하고 날렵하게 생긴 미나렛(첨탑) 6개는 술탄의 권력을 상징한다. 정원에는 꽃이 화사하게 피었다.

모스크 안으로 들어가려고 하니, 지금은 예배 시간이라며 관광객의 출입을 통제한다. 경비원들이 다른 사람들의 출입을 제재하는 틈을 타서 슬쩍 안으로 들어갔다. 여러 개의 수도꼭지에는 얼굴, 손, 발을 씻는 사람들이 가득하다. 예배드리기 전에 몸을 깨끗하게 하는 것은 종교인의 같은 마음이다.

중앙 광장에는 여러 무늬로 된 각양각색의 카펫이 깔려 있고, 사람들이 앉아 있다. 여인들은 몸 전체에 색색의 히잡을 뒤집어쓰고 눈만 내놓은 채, 뜨거운 햇살을 온몸으로 맞고 있다.

블루 모스크 안으로 들어갔다. 천장에는 긴 형광등이 많이 켜져 있지만, 실내가 넓어 밝지는 않다. 익숙지 않은 터키어가 스피커를 통해서 들려온다. 어떤 내용일까? 역시 남자들만 앉아서 설교를 듣고 있다. 발 냄새는 많이 나지 않았다. 빈자리를 찾으러 안으로 더 들어갔다. 흰색 비니를 쓰고 수염을 멋지게 기른 아저씨가 자기 옆에 앉으라고 손짓한다. 옆에 앉아 있는 남자들이 흔쾌히 자리를 조금씩 내어준다. 고개를 숙여 인사하고 앉았다. 흐르는 땀을 닦고 주위를 둘러보았다. 잠시 후 엎드려 기도하는 것을 보고 나왔다. 종교는 다를지라도 기도의 내용은 비슷할 것 같다. 여성들은 모스크의 출입구가 다르다. 모스크 뒤편에 따로 마련된 공간에 앉아 있다. 신은 남녀 차별을 하지 않을 것 같다.

휴대폰이 사라졌다

한낮의 태양은 뜨거운 열기를 쏟아붓는 것 같다. 얼굴과 팔이 익는 것 같다. 햇살이 눈부시다. 모자, 선글라스, 토시를 애용한다. 어딜 가든 사람들로 붐빈다. 이스탄불이 유명한 관광도시임을 실감한다. 짜증 나는 번잡함이 아니라서 견딜 만하다. 현지인들의 표정은 밝고, 관광객들의 얼굴은 들떠 있다. 눈이 마주치면 반가운 표정으로 어디에서 왔는지 묻는다. 한국에서 왔다고 하면 형제의 나라라며 반가워한다. 우리나라를 방문한 터키 사람들에게 이렇게 반가워하지는 않을 것 같다. 환대가 놀랍다. 사진을 같이 찍자는 사람들이 가끔 있다.

두바이에서 여행 온 커플은 한국이 아름다운 나라라고 말했다. 소주를 너무 사랑한다며 엄지 척을 한다. 소주가 한국에서는 얼마냐고 물었다. 두바이에서는 비싸서 자주 못 마신다면서 너스레를 떤다. 지갑을 보여주는데 100달러 지폐가 두둑하다.

토카프궁전 입장료는 아야 소피아 성당과 같이 40리라다. 물가에 비해 비싸다. 매표소 앞에는 사람들이 길게 줄을 서 있다. 터키 전통 의상을 입고 커다란 물통을 든 남자가 멋진 포즈로 애플 티를 나누어준다. 생각보다 시원하고 달다. 몇 잔을 더 마셨다. 많이 걸어서 피곤하고 갈증 났는데, 회복되는 것 같다.

토카프궁전은 인도의 궁과 비슷하게 생겼다. 이곳에서 1465년부터 1853년까지 오스만 튀르크 제국의 술탄이 살았다. 터키의 왕들은 어떻게 살았는지 궁금했다. 1856년 돌마바흐체 왕궁이 건축될 때까지 정치, 경제, 사회, 문화의 중심지였다.

입장권을 구입하기 위해 40여 분 동안 햇살 샤워를 하면서 기다렸다.

암표상 두 명이 입장권을 흔들면서 50리라에 팔았다. X-ray 검색대 앞에서 카메라와 휴대폰을 옆 바구니에 두고 통과한 후, 아무 생각 없이 카메라만 들고나왔다. 흙길을 20여 분 걷다가 나무 그늘 벤치에 잠시 쉬어 가려고 앉았다. 이국적인 풍경을 사진 찍기 위해 휴대폰을 꺼내려고 주머니에 손을 넣었다. 허전하다. 없다. 휴대폰이 없다. 순간적으로 휴대폰을 검색대 위에 두고 온 것이 생각났다.

"아, 이런⋯. 제발, 휴대폰이 없으면 안 돼!"

조금 전만 해도 더위에 지쳤는데, 더위가 어디로 다 달아난 것 같다. 발바닥이 보이지 않게 입구를 향하여 열심히 뛰었다. 만약 휴대폰이 없다면 앞으로 여행하는 데 얼마나 곤란할까. 벌어질 일들이 떠올랐다. X-ray 검색대 위에 내 휴대폰이 그대로 놓여 있다.

"반가웠다. 다행이다. 십 년 감수했다."

직원에게 내 휴대폰이라고 말하니 찾아서 다행이라고 말했다. 감사 인사를 했다. 30여 분 동안 검색대를 통과한 수백 명의 사람이 고마웠다. 정직하고 양심적인 사람들이다.

인천공항에서 이미 신고식을 했다. 화장실에서 볼일 보기 위해 휴대폰을 변기 뒤에 있는 물탱크 위에 놓아두고는, 나오면서 깜빡했다. 세면대에서 손을 씻는데 금발의 외국인이 물었다.

"이 휴대폰이 당신 것입니까?"

"아차, 땡큐 베리 머치."

'아, 태원용, 어쩌면 좋으니! 정신을 차리자. 이제 여행 시작이다.'

지금껏 내 물건은 잘 챙기며 살아왔다. 나이 든 것이 실감 나지 않는데, 이렇게 확인 사살하는 것인가? 옐로카드를 받았다.

"단디 챙기자."

여행 중에 다른 것은 몰라도 여권, 신용카드, 휴대폰은 절대 잃어버리면 안 된다. 휴대폰을 끈으로 묶어서 허리 벨트에 매야겠다. 한바탕 소동을 부린 탓인지 맥이 풀렸다.

보스포루스해협이 보이며 전망이 좋다. 이국적인 꽃들이 만발한 정원 한쪽에 있는 아름드리나무 그늘을 찾았다. 벤치 위에 앉아 잠깐이지만 편히 쉬고 싶어 신발을 벗고 양말도 벗고 열기를 식혔다. 바닷바람이 땀으로 축축해진 머리와 몸을 말린다.

산책하듯 궁을 둘러보았다. 궁전은 세 개의 문과 네 곳의 정원이 있다. 그 당시 생활을 상상해본다. 내부 장식들이 화려하다. 중동 지역의 독특한 분위기가 난다. 전시관에는 전쟁을 많이 치렀는지 사용한 철갑옷과 투구와 무기들이 많다. 한쪽에는 남자들의 출입이 금지된 여성 전용공간인 은밀한 '하렘'이 있다. 별도의 입장권을 끊어야 입장할 수 있다.

페리 타고 유럽에 가다

이스탄불에서 유럽에 속한 땅은 5%밖에 안 된다. 그런데도 끊임없이 EU(유럽연합)에 가입하기를 희망한다. 유럽으로 가기 위해서는 보스포루스해협에 있는 에미노뉴 선착장에서 페리를 타야 한다. 30분 간격으로 아시아와 유럽을 오간다. 여행자보다 집과 일터로 오가는 사람이 더 많은 것 같다.

갈매기가 먹이를 먹기 위해 접근한다. 우리나라에서는 새우깡을 주는데, 터키 사람들도 과자를 준다. 갈매기는 과자를 좋아한다. 저렴한 가격에 비해 시설이 괜찮은 페리에 승선한 지 약 30분 후에 출입국 도장을 찍지 않고 유럽에 도착했다.

생김새와 옷차림은 다를지라도 사는 모습은 비슷하다. 퇴근 시간이어서 거리는 사람들로 붐빈다. 여행자는 바닷가 벤치에 앉아 하늘 한번, 바다 한번 바라보며 여유를 부린다. 멍하게 있기도 하고, 떠오르는 생각을 지우기도 한다. 벤치 양쪽에 앉은 사람들이 정겹게 혹은 수줍게 말을 건넨다. 해바라기 씨앗과 빵을 먹어보라고 준다. 시베리아 횡단 열차 안에서 많이 까먹었다. 하나씩 까먹으며 시간 보내기에 좋다. 아주머니는 남자에게 좋다면서 더 권했다. 작은 해바라기 씨에서 인정이 느껴졌다. 유모차에 앉아 있는 귀여운 여자아이는 내가 신기한 듯 계속 쳐다본다. 공터에서는 레게 머리를 한 젊은 남자가 흥겨운 노래에 맞추어 랩을 하면서 춤을 춘다. 카메라맨들이 열심히 촬영한다. 뮤직비디오를 찍는 것 같다.

온종일 뜨겁던 태양은 붉은 노을을 벗 삼아 하늘을 은은하게 물들인다. 바다 물결은 반짝반짝 빛나며 주황빛으로 물들어간다. 내일은 또 다른 태양이 떠오를 것이다.

벤치에 앉아 진해져 가는 하늘을 바라보며 케밥과 콜라와 과일주스로 저녁 식사를 한다. 혼자라는 사실이 실감 나는 순간이다. 내일 아침은 버스 타고 불가리아 수도 소피아로 간다. 이스탄불은 35일 후에 다시 돌아온다. 그때 다시 만나자. 어느덧 태양은 보이지 않고 어둑어둑해졌다. 집으로 돌아갈 시간이다.

2. 불가리아

버스 타고 11시간 걸려 소피아에 도착했다

곤히 자고 있는 여행자들이 깰까 봐 소리 나지 않게 간단하게 씻고 조용히 배낭을 챙겨 나왔다. 게스트하우스에서는 9시에 터키식 아침 식사를 주는데, 먹지 못한 것이 아쉬웠다. 버스를 타기 위해 아침 운동이라 생각하며 20분을 걸었다. 버스 터미널에 가려면 메트로를 타고 한 번 환승해야 한다. 여행사에서 데려다준다.

여직원이 도착하고 7시 50분에 16인승 미니버스가 도착했다. 나 혼자 타고 가기 미안하면서 고마웠다.

"서비스 굿!"

30여 분 동안 창밖으로 시내 구경을 했다. 종합 버스 터미널은 이스탄불 외곽에 있다. 혼자 왔다면 찾아가기 힘들 정도로 길이 복잡했다. 터미널 규모는 생각보다 넓었다. 운전기사가 메트로 버스 회사는 수백 대의 버스를 보유하고 터키 전 지역과 불가리아까지 운행하는, 규모가 큰 회사라고 했다.

장거리 버스 여행이기 때문에 출발 전에 반드시 화장실에 다녀와야 한다. 화장실 사용료는 1리라. 동남아시아처럼 작은 물통에 물이 담겨 있다. 내 좌석 25번의 옆 좌석에는 풍채가 좋은 KFC 할아버지를 닮은 분이 앉아 있었다.

"아뿔싸, 좌석이 좁은데 불편한 여행이 되겠구나."

다행히 소피아 가기 2시간 전에 있는 플로브디프에까지 간다고 했다. 의자 간격이 너무 좁아 무릎이 앞 좌석에 닿는다. 5시간 동안은 빈자리를 찾아 옮겼다. 할아버지는 이해한다며 웃으셨다.

터키 국경에 도착했다. 버스 안에서 기다렸다. 아무런 설명이 없다.

1시간가량 기다린 후 출국심사를 했다. 작은 사무실로 이동했다. 유리 칸막이 너머에서 직원이 무표정하게 사무적으로 질문을 한 뒤 여권에 출국 도장을 찍었다. 잠시 후 불가리아 입국장 앞에서 또 기다렸다. 승객들은 익숙한 듯 불평이 없다. 국경 통과는 대체로 까다롭다. 버스에서 내려 바깥에서 줄을 서서 기다리니, 뜨거운 태양이 머리를 익게 한다. 알베르 카뮈의 『이방인』이 생각난다.

아침에 좌석번호가 의자 옆에 조그마하게 부착된 것을 알려준 친절한 불가리아 여인이 말했다.

"어떤 사람이 밀수하다가 발각되어 터키 출입국에서 심사를 까다롭게 하는 것 같아요."

승객에게 짐을 버스 밖으로 옮기고 가방을 열어두라고 했다. 여인은 흔한 일은 아니라고 했다.

"작년에 세르비아 국경을 통과할 때 짐 하나씩 다 검사했어요."

나도 한마디 보탰다.

"2016년 러시아에서 몽골로 갈 때 비슷한 경험을 했어요."

국경 경찰들은 버스 안과 짐칸을 샅샅이 검사했다. 지루하게 기다린 끝에 드디어 버스에 탑승했다. 버스는 기다리느라 손해 본 시간을 만회하려는 듯 산과 평야를 쉬지 않고 달렸다. 불가리아 풍광은 터키와 달랐다. 휴게소가 보이지 않는다. 언제 쉰다는 이야기도 없다. 방광에서 신호가 왔다. 꾹 참아야 하는 방법밖에 없다. 주유소에 도착했다. 내 몸은 배출하기를 원하고 버스는 기름을 먹기를 원한다. 불가리아 여인이 주유하는 동안 화장실에 가도 된다고 알려주었다. 반가운 소리에 얼른 내려서 해결했다. 그녀와 나는 서로 미소를 지었다. 이제 몇 시간은 거뜬하다. 버스 안은 덥고 목이 말랐지만, 소피아까지 쉬지 않을 것 같아

입술만 적셨다. 승객들은 방광이 튼튼한 것 같다. 국경을 통과하는 장거리 버스라면 버스 안에 화장실이 있으면 한결 편할 텐데, 아쉽다.

이것도 여행하면서 겪는 경험이기 때문에 짜증 나지는 않았다. 단지 불편할 뿐이다. 11시간 넘게 달려 7시 50분경에 드디어 소피아에 도착했다. 여행사 직원이 아침 9시에 이스탄불에서 출발해서 오후 6시 전에 도착한다고 했었다. 처음부터 11시간이 걸린다고 생각했으면 조금은 여유를 가지고 도착하기를 기다렸을 것이다. 모든 것이 마음먹기 나름이다.

"일체유심조."

터미널 환전소에서 40달러를 환전했다. 지하철 벽에 타일이 많이 떨어졌다. 조명도 어둡다. 관리가 제대로 되지 않은 것 같다. 호스텔이 있는 세르디카역에 내렸다.

휴대폰에 저장해둔 시내 지도를 다시 보았다. 지나가는 사람들에게 불가리아어로 된 호스텔 주소를 보여주자 어딘지 모르겠단다. 어떤 사람들은 영어를 못 하는지, 다가가면 손을 젓고 피했다. 이럴 때는 가게 주인에게 묻는 것이 좋다. 호스텔 주소에 도착했다. 주소는 맞는데 호스텔 간판이 보이지 않았다. 또 물었다. 골목 안쪽으로 들어갔다. 작은 간판이 보였다.

할머니 직원이 반갑게 맞이했다. 2박에 20유로를 지불하고 체크인했다. 호스텔 사용하는 방법을 친절하게 설명해주었다. 3층으로 올라가는 계단 입구에서는 머리를 조심하라고 알려주었다(이틀을 머무는 동안 머리를 몇 번 박았다). 건물은 낡았는데 실내는 리모델링해서 깨끗하다. 작은 방에 도미토리 5인실이지만 이만하면 가성비가 좋다. 방에서 쉬고 있는 여행자들과 인사를 하고 샤워를 했다. 피로가 풀리는 것 같다. 주방으로 내려왔다. '햇반'과 '신라면'을 맛있게 먹으니 힘이 나는 것 같다. 어두워지기 전에 거리로 나왔다. 저녁 풍경이 아득하다. 여기는 불가리아의 수도 소피아다.

알렉산드르 넵스키 성당

오늘도 변함없이 5시 30분에 일어나 호스텔을 나왔다. 아침 공기가 상쾌하여 기분 좋다. 태양이 떠오르는 쪽으로 30분가량 걸었다. 광장 가운데, 어제저녁에 보아서 친근한 웅장한 성당이 눈에 들어왔다. 소피아를 대표하는 알렉산드르 넵스키 성당은 동서양의 혼합인 네오비잔틴 양식으로 건축한 동방정교회 성당이다. 발칸반도에서 제일 크다.

성당 위쪽이 떠오르는 태양에 반사되어 눈부시게 반짝인다. 돔은 구리로 만들었다. 금박 20kg을 입혀서 더욱 빛나는 것 같다. 성당은 튀르크 전쟁(1877~1878년)에서 불가리아 독립을 위해 전사한 20만 명의 러시아 군인을 추도하기 위해 1882년에 착공하여 1912년에 완공했다. 성당의 이름은 러시아 황제 이름이다. 여러 나라에서 좋은 자재들을 가지고 왔다. 이탈리아 대리석, 이집트 석고, 브라질 금을 사용했다. 당시 러시아는 최대 강대국이었다.

성당 안으로 들어갔다. 정교회는 실내에 의자가 없다. 그래서인지 더 넓어 보인다. 5,000명을 수용한다고 한다. 몇 사람이 성화와 십자가를 마주 보며 입을 맞추고 기도한다. 천장과 기둥과 벽에는 성화를 그린 프레스코 벽화가 가득하다. 6개 나라에서 온 예술가와 도예가들의 작품이라고 한다. 성당이라기보다는 미술관이며 박물관이다. 거대한 샹들리에에 불을 켜면 훨씬 더 화려할 것 같다. 제단이 특이하게 세 개 있다. 성

알렉산드르 넵스키, 키릴 알파벳을 발명한 성 메토디우스와 성 키릴로
스, 9세기에 불가리아에 기독교를 들여온 성 보리스에게 봉헌된 제단이
라고 적혀 있다.

　이렇게 멋진 성당을 보기만 하면 아깝다. 휴대폰을 꺼내 무음으로 찍

었다. 카메라 뷰파인더를 보면서 각도를 다르게 하여 몇 장 찍었다. 관리인이 지금 출근한 것 같다. 실내에서 사진 촬영을 하면 안 된다고 한다. 조금 아쉬웠지만, 다행히 사진을 찍은 후여서 가볍게 인사하고 나왔다.

태양이 많이 떠올랐다. 따뜻함이 온몸을 감싼다. 거대한 성당을 한 바퀴 돌았다. 외관은 어느 행성에서 온 우주선 같다. 건장한 운동선수처럼 근육질이 울룩불룩하게 느껴졌다. 어느 쪽에서 보든지 예측이 어렵게 다양한 형태다. 지금까지 본 성당과는 달라서 새롭다. 가까운 곳에 불가리아 전설에 나오는 사자상이 있다. 사자는 가만히 앉아 무언가를 생각하듯 먼 곳을 조용히 응시하고 있다.

옆에는 세계 대전에서 전사한 군인들을 추모하는 불꽃이 있다. '꺼지지 않는 불꽃'이다. 러시아와 캐나다 몇 개 도시에서 본 기억이 났다. 바로 옆에는 불가리아에서 가장 오래된 소피아 성당이 있다. 놀랍게도 6세기에 건축했다. 보수 공사를 하는지 건축 자재가 어지럽게 널려 있다. 현관문이 닫혀 있다. 한 아주머니가 기다리다가, 왜 아직 문을 열지 않느냐며 짜증을 내고 간다.

세르디카역 주변에는 역사가 오래된 교회와 모스크가 많이 있다. 성 게오르기우스 교회는 4세기에 건축된 가장 오래된 교회다. 성 페트카 교회, 성 네델리아 교회 부근에 바냐 바시 모스크도 있다. 종교와 건축에 관심 있는 사람은 흥미롭겠다.

소피아의 결혼식

장수 국가로 알려진 불가리아의 수도 소피아. 영화와 여행을 하면서

'소피아 성당'과 '소피아'란 이름을 가진 여인을 만났었다. 천년의 역사와
문화를 품고 있는 소피아의 고풍스러운 거리를 걷는 감회가 새롭다. 석
조 건축물의 웅장한 규모와 섬세한 조각이 놀랍다. 장인과 예술가의 손
길이 느껴졌다. 오랜 시간 동안 정성과 땀과 혼을 쏟았으리라.

　고풍스러운 성당 안으로 들어갔다. 천장과 벽면 가득한 성화, 화려한
장식에서 눈을 떼지 못하며 감탄한다. 건축 당시에는 얼마나 찬란하고
번쩍였을까? 생활하는 환경에 비해 성당이 너무 고급스럽다. 예배드리
는 성도들은 마음의 평화보다 위압감을 느끼지 않았을까 하는 생각이
들었다. 하나님께서 이렇게 화려하고 웅장한 곳에서 예배드리는 것을
원하셨을까? 성경에는 제사보다는 마음의 중심을 보신다고 적혀 있다.
종교는 삶의 유한함에서 시작되었다. 지구에는 수많은 종교가 있다. 몇
사람이 성당에 잠시 들러 성화와 성물에 입 맞추고 성호를 긋는다. 기
도를 한 사람은 오늘 하루가 든든할 것이다.

　오늘 세 번째로 찾아간 성당에서 결혼예식을 하고 있다. 잘생긴 신랑

과 아름다운 신부가 성당 안을 환하게 했다. 남자가 투박한 이유는 흙으로 빚어서 그렇다. 여자의 피부가 깨끗하고 맑은 이유는 남자의 갈비뼈로 만들었기 때문이다. 증명이라도 하듯 불가리아 여인들은 아름다운 조각 작품 같다. 창조주께서 그 당시 기분이 좋으셔서 신경을 더 쓴 것 같다. 인위적인 꾸밈이나 의학의 기술로 재탄생된 것이 아니라 타고난 것 같다. 늘씬한 키에 몸매도 예술이다. 얼굴이 선하기까지 하다. 길을 물으면 환한 미소로 친절하게 가르쳐준다.

고전적인 분위기가 가득한 성당이 젊음의 생동감으로 신선하다. 신부 이름이 소피아가 아닐까? 하객들과 친구들에게서도 품위가 느껴졌다. 젊음의 순간이 부러웠다. 두 사람이 건강하고 행복하게 잘 살기를 축복했다.

결혼예식이 끝날 즈음 분위기를 봐가면서 사진을 찍었다. 관리인이 다가와 사진 찍지 말라고 한다. 그러나 친구들이 관리인에게 항의하며, 나보고 사진 찍으라며 미소 짓는다.

낯선 곳에서 새로운 길을 걷는다

처음 보는 낯선 곳에 서 있다. 쭉 뻗은 길을 혼자 걷는다. 보이는 모든 것이 흥미롭고 호기심을 불러일으킨다. 만나는 사람에게 미소 띠며 "도브로 우뜨로(아침 인사)!" 하고 인사를 건넨다. 그들도 반갑게 화답한다. 여행자는 마음이 편해서 얼굴이 환하게 빛난다. 잠자리가 불편하고 먹는 것이 단순하지만 괜찮다. 좋아하는 여행을 하고 있기 때문이다.

소피아는 약 7,000년의 역사를 가진, 유럽에서도 가장 오래된 도시 중

하나다. 고대 그리스보다 1,500년이나 앞서 형성되었다. 꼭 가보아야 할 명소들은 중심 도로변에 있다. 걸어서 충분히 돌아볼 수 있어 여유가 있다. 하루해는 돌아보기에 충분하게 길다.

러시아에서 많이 본 양파 모양의 익숙한 돔 지붕 성당이 반갑다. 복잡한 수도 느낌보다 붐비지 않는 조용한 소도시다. 인구가 120만 명이다. 오래된 역사를 말해주듯 고풍스러운 건물들이 거리에 가득하다. 오스만튀르크 제국 때 건축한 이슬람 모스크와 러시아 정교회가 독특하고 인상적이다. 긴 역사를 이어오면서 많은 전쟁 중에 파괴되고 사라진 유적들도 많다. 동서양이 어우러진 흔적들이 곳곳에 남아 있어 다행이다.

발칸반도 남동쪽에 자리한 불가리아는 요구르트 광고로 친숙하고 장수 국가로 알고 있다. 마트에 가니 요구르트 종류가 너무 많다. 점원에게 잘 팔리는 요구르트를 알려달라고 해서 구입했다. 낮이 되니 햇살이 뜨거워지며 덥다. 도시 곳곳에 작은 공원이 있다. 잎이 무성한 나무 밑에 벤치에 앉아 흐르는 땀을 닦고 물을 마셨다. 빵과 함께 요구르트를 떠먹으니 맛있어서 내 얼굴은 즐거워서 빛난다.

불가리아는 그리스, 로마, 비잔틴, 튀르크가 서로 차지하기 위해 전쟁을 벌였을 정도로 매력적인 나라다. 키릴 형제가 키릴 문자를 발명했다. 키릴 문자는 러시아, 몽골, 세르비아, 마케도니아 등에서 사용하고 있다. 2016년 시베리아 횡단 기차 여행을 준비하면서 인터넷 강의 30강좌를 들으면서 키릴 문자를 공부했었다. 거리의 간판을 한글을 이제 깨우친 사람처럼 띄엄띄엄 읽을 수 있어 재밌다. 여행하는 나라의 말을 조금이라도 알면 현지인이 좋아하고 여행이 풍성해진다.

1949년에 인민공화국이 수립되었다. 1989년에 공산 정권의 붕괴로 민주화가 시작되었다. 40년 동안 공산당 치하에 있었기 때문에 사람들의 표정이 경직되었을 것이라는 생각을 했다. 수수한 옷차림과 꾸밈없는 얼굴에서 순박함이 묻어났다. 대한민국 영토보다 0.9배 더 넓다. 인구는 약 800만 명이다. 기본 지식을 알고 있으면 왠지 든든해진다. 여행은 아는 만큼 보이며 친밀도가 높아진다.

벨리코 투르노보에서의 유쾌한 만남

뒷자리에 앉은 아주머니는 내가 한국 사람인 줄 어떻게 알았을까? 버스 안에 동양인이 나밖에 없어서 호기심이 생겼을 것이다. 영어로 의사소통이 제대로 되지 않으면서도 질문이 꼬리를 문다. 대답하면 뭐가 재미있는지 웃으면서 말을 건넨다. 대부분 아주머니들이 아저씨보다 여행자에게 호의적이며 말을 잘 건네고 친절하다. 먹을 것을 주는 것에 인색하지 않다. 아주머니 일행들은 불가리아에 온 것을 환영한다고 말했다. 유명한 요구르트를 많이 먹고 가라는 당부도 잊지 않았다. 한국 TV 광고에 나왔다고 하니 깜짝 놀라면서 기분 좋아한다.

소피아에서 버스로 3시간 20분을 달려 중세 도시인 벨리코 투르노보에 도착했다. 내일은 루마니아 수도 부쿠레슈티로 간다. 버스표를 사러 창구로 갔다. 루마니아로 가는 버스는 하루 한 번, 오후 2시 45분에 있다. 버스표를 사기에 불가리아 돈이 모자랐다. 책상 위에 카드 단말기가 보였다.

"카드로 결제하겠습니다."

"카드 결제 안 됩니다."

"책상 위에 카드 단말기가 있는데 왜 안 되나요?"

"사용 안 합니다."

"그럼 유로화나 달러로 지불하겠습니다."

"안 됩니다. 불가리아 돈만 가능합니다."

"버스 터미널에 환전소가 어디 있나요?"

"없습니다."

"그럼 어떻게 하면 좋을까요? 시내에 환전소가 있나요?"

"확실하지는 않지만, 있을 수도 있으니 환전해서 다시 오세요."

불가리아어로 된, 예약한 호스텔 주소를 보여주었다.

"여기로 가려는데, 어떻게 가면 되나요?"

"내가 어떻게 압니까? 택시 타고 가세요."

경험적으로 버스 터미널 창구에서 일하는 여직원들은 대체로 불친절하다. 난감했다. 밖으로 나갔다. 택시가 없다. 다시 터미널 안으로 들어와 안을 둘러보았다. 커다란 배낭을 메고 있는 아가씨 두 명이 보였다. 사정을 이야기했다. 기꺼이 가지고 있는 불가리아 돈을 유로로 바꾸어 주었다. 프랑스에서 온 여행자들을 길에서 다시 반갑게 만났다. 갈 만한 곳의 여행 정보를 공유하며 월드컵 우승을 축하한다고 말하니 함박웃음을 지으며 좋아했다.

불가리아 돈을 가지고 보란 듯이 다시 매표소로 갔다. 불친절한 직원은 자리에 없다.

"아니! 어디로 간 거지?"

옆 창구 직원에게 여기 있던 직원이 어디 갔느냐고 물었다. 그녀는 어깨를 들썩이며 고개를 절레절레 흔들 뿐이다. 한참을 기다리니 직원이 돌아왔다. 아무 일 없다는 표정이다. 사회주의 체제가 몸에 배어서 일 처리가 답답할 정도로 느렸다. 태도 또한 고압적이었다.

어쨌든 버스표를 샀으니 됐다. 예약한 호스텔로 가야 한다. 터미널 안에 있는 몇 사람에게 물으니 영어를 못 한다. 선하게 생긴 아주머니가 자신의 휴대폰으로 호스텔 위치를 검색해서 보여준다. 걸어서 약 20분 거리라며 친절하게 설명해준다. 큰길 따라 걷다가 작은 골목길로 들어가니 호스텔이 반갑게 보였다. 가족이 운영하는 곳인데 깨끗하다. 매니저인 존은 그 집 아들이며 활발하며 사교적인 성격이다.

체크인을 했다. 다음 여행지를 물었다. 내일 부쿠레슈티로 간다고 하니 대부분의 여행자들의 일반적인 코스라고 말했다. 버스표를 끊었다고 말했다. 정류장에서는 부쿠레슈티로 바로 가는 버스를 운행하지 않는다며 버스표를 보여달란다. 보여주니 맞는다면서 신기한 듯 사진을 찍었다. 나보고 럭키 가이라고 했다. 럭키 가이? 그러고 보니 지금까지 계획대로 순조롭게 여행하고 있다. 존은 시내 지도를 펼쳐서 어떻게 다니는 것이 좋은지 알려주었다.

처음으로 1인실이다. 방 안에 샤워실이 없지만, 이 정도 불편함은 괜찮다. 샤워하고 침대에 누웠다. 주위를 의식하지 않아도 되니 편하고 좋다. 잠시 쉬다가 카메라를 챙겨 나가려는데 존이 따라 나오며 부른다. 오늘 밤 10시 30분에 고성에서 레이저 쇼를 한다고 한다. 컴퓨터로 행사 광고를 보여주며 몇 달에 한 번 하는 쇼이므로 꼭 가보란다. 무료라고 강조하며 윙크한다.

"원용…. 넌 럭키 가이임에 틀림없어."

"하하하, 그래? 그럼, 난 오늘부터 럭키 가이다."

차레베츠 요새의 환상적인 불빛과 레이저 쇼

9시 넘어서야 어둠이 서서히 내린다. 여행자는 시간을 번 느낌이 들어 좋다. 고성으로 가면서 멋진 곳이 보이면 사진을 찍고 걸었다. 그런데 셔터가 눌러지지 않았다. 배터리가 다 되었다.

"아이고, 이런…."

늦은 오후 호스텔을 나설 때 카메라에 장착된 배터리 하나면 충분할 줄 알고 여분의 배터리를 챙기지 않았던 것이다(이후로는 어떠한 일이 있어도 배터리 두 개를 꼭 챙겼다). 레이저 쇼를 하는 시간까지 1시간 남았다. 마음이 급해졌다. 숙소까지 4㎞가 약간 넘는다. 가고 되돌아오는 시간이 빠듯하다. 망설임 없이 오던 길로 다시 되돌아섰다. 걸음을 재촉하며 부지런히 걸어 숙소에 가서 여분의 배터리를 가져왔다.

고성으로 가는 양 갈래 길을 만났다. 선택의 고민을 하고 있는데, 저쪽에서 커플이 걸어왔다. 손에 들고 있는 시내 지도를 보며, 같은 호스텔에 묵고 있는 것 같다며 웃었다. 영국에서 온 마이클과 제니라고 소개했다. 반갑게 인사를 나누고 고성으로 함께 걸었다. 고요한 달빛 아래서 오래된 성당 불빛은 또 다른 분위기를 자아내며 운치 있었다.

이제 기다리면 된다. 11시가 넘었음에도 아무런 조짐이 없다. 안내 방송도 없다. 밤바람이 차갑다. 기다리던 사람들이 하나둘 자리를 뜨기 시작한다. 제니가 춥다고 해서 마이클과 호스텔로 돌아갔다.

"이왕 늦은 시간, 혼자인데 11시 30분까지 기다려보자."

혼자라서 일행의 눈치를 보지 않아서 좋다. 어슴푸레한 가로등이 하나둘 꺼졌다.

'드디어 시작하는구나.'

　구름에 가려진 보름달과 별들이 비추는 검은 성채 여러 곳에서 하나
둘 불이 켜지기 시작한다. 벨리코 투르노보의 역사와 유래를 설명한다
고 들었다. 원색의 불빛과 레이저로 30분 동안 서사기를 아름답게 표현
했다. 정확하게 이해하지는 못했지만, 여행자는 새로운 것을 보았다는
것만으로도 만족스럽다. 중세에 세워진 소도
시에서 찬바람을 맞으며 아름답고 환상적인
빛의 예술을 즐겼다. 숙소로 돌아오는 밤길은
캄캄하고 아무도 없었지만, 무섭지 않고 뿌듯
했다. 칠흑 같은 어두운 밤하늘에 초승달과
별들이 환한 미소를 지으며 나를 쳐다보고 있
는 것 같다.

자연과 잘 어울리는 중세 마을

벨리코 투르노보는 제2차 불가리아 제국의 수도였다. 불가리아에서 가장 오래되었으며 국민의 정신적인 도시다. '불가리아의 아테네'라고 부른다. 벨리코는 '위대한'이라는 뜻이다. 이름에서부터 중세시대의 느낌이 확 와닿는다. 세월의 흐름이 보이는 집이 많다. 병풍처럼 둘러싼 울창한 산과 잘 어울려 한 폭의 그림이다. 전망 좋은 카페에서 얀트라강의 멋진 풍광을 보면서 차를 마시는 사람들이 많다. 남녀노소를 막론하고 사랑을 듬뿍 담은 눈빛을 교환하며 밀어를 나누는 연인들이 보기 좋고 부러웠다.

사모보드크카 차르사는 구시가지에 있다. 역사가 느껴지는 대표적인 거리다. 돌로 만든 자갈길이 오래된 건물과 거리의 분위기와 잘 어울렸다. 차르사는 시장이라는 뜻이다. 1880년까지 큰 시장이 있었다. 19세기에 형성된 공예 방들이 옛 모습을 그대로 간직하고 있다. 이것이 제대로 된 전통이다. 다른 지역에서는 보기 힘든 독특한 디자인을 본다. 장인들이 만든 섬세한 수공예품을 보는 재미가 있다.

1985년에 독립 800주년 기념을 위해 세운 아센 기념비가 웅장하다. 녹음이 가득한 숲으로 둘러싸여 있다. 얀트라강이 도시를 부드럽게 감싸며 흐른다. 절벽도 아름다울 수 있다. 아름드리나무들이 울창한 야트막한 산과 아슬아슬한 절벽 위에 빼곡하게 자리한 전통 가옥들이 잘 어울린다. 뜨겁게 쏟아지는 눈부신 햇살을 맞으며 구시가지를 걷는다. 얼굴, 팔, 겨드랑이에서 땀이 배어 나온다.

로마 시대에 건축한 건물 외벽에는 상징 같은 조각들이 많다. 빛바랜 색이 나름 매력적이다. 골목 끝에는 또 다른 뭐가 있을까 하는 호기심

이 생긴다. 건너편 언덕으로 가니 숲속에 100개의 계단이 있다. 정상에 가면 180도로 멋진 전망을 볼 수 있다고 존이 말했었다. 일몰을 볼 수 있겠다는 기대감으로 땀을 쏟아내며 부지런히 걸음을 재촉했다. 그러나 사방이 탁 트인 완전한 정상이 아니다. 전망은 좋으나 기대했던 일몰은 건너편 산에 가려 볼 수 없어 아쉬웠다.

벨기에에서 온 여행자와 독사진을 서로 찍어주었다. 강 건너편에 천혜의 요새라 불리는 차레베츠 요새가 보인다. 어젯밤에 불빛과 레이저 쇼를 보았던 곳이다. 밤과는 또 다른 풍광이다.

고요하고 평화롭다

차레베츠 요새는 벨리코 투르노보의 상징이며, 불가리아에서 가장 사랑받는 건축물 중 하나다. 비잔틴 시대인 5~7세기에 건설했다. 산 위에 건축하여 철옹성처럼 견고해 보였다. 외세의 침입에 대비하기 위해서다. 성채 길이가 1,100m, 두꺼운 성벽은 최대 3.6m에 이른다. 튼튼한 요새임이 틀림없다. 성안에는 트라키아인과 로마 사람이 살았다. 주택 400여 개, 교회 18곳, 수도원, 왕궁 등이 있었으나, 지금은 남아 있는 건물이 하나도 없다. 잡풀만 무성한 터만 있을 뿐이다. 아직도 발굴되지 않은 유물들이 있다고 한다. 주변의 산은 그때와 크게 다르지 않으리라. "산천은 의구하되 인걸은 간데없다." 길재 선생의 시조가 생각났다. 일부라도 중요한 곳은 복원하면 좋겠다.

무너진 성벽 위를 걸었다. 당시에는 피비린내 나는 전쟁이 끊임없이 일어나던 곳이 지금은 고요하고 평화롭다. 햇살이 뜨겁지만 선선한 산

들바람이 불어 땀을 식혀준다. 하늘은 높고 푸르다. 솜사탕을 닮은 흰 구름이 떠다닌다. 공기가 맑아서 좋다.

백발의 어르신들이 단체관광 오셨다. 여행은 나이를 불문하고 즐거운 일이다. 할머니께서 의자에 앉은 할아버지 얼굴의 땀을 닦아주며 물을 건넨다. 마주한 굽은 어깨가 정겹다. 나이 듦이란 무엇인가? 세월이 흐름에 따라 몸과 정신이 약해진 황혼이지만, 부부의 정이 있다면 노년이 쓸쓸하지만은 않을 것 같다. 가이드의 설명을 듣고 있는 수수한 차림의 어르신들을 보니 아버지와 어머니가 생각났다.

성채 안에서 유일하게 복원된 '성령 승천 대성당'은 제일 높은 곳에 있다. 아담한 규모다. 그런데 성화가 특이하게 검은색이며 강렬하다. 날카롭다. 지금까지 본 성당 안과는 너무 달라 조금 충격을 받았다. 마음이 무거워졌다. 무슨 뜻이 있겠지.

요새에서 내려오는데 아이들이 묘기(?)를 부리고 있다. 얼른 내려가서 가까이서 보니 몸이 상당히 유연하다. 힘들어 보이지 않고 재밌어한다. 인솔자인 듯한 두 남녀 선생님이 지도를 하고 있다.

"아이들이 대단합니다."

"고맙습니다."

"사진 찍어도 될까요?"

"물론입니다."

아이들이 카메라를 의식한 탓인지 더 열심히 한다. 찍은 사진을 보여주니 아이들이 수줍게 웃으며 좋아한다.

동유럽은 기계체조가 유명하다. 루마니아 체조의 요정 '코마네치'가 생각났다. 1976년 몬트리올 올림픽에서 최초로 7번 만점을 기록했었다.

3. 루마니아

베드 버그-부쿠레슈티

옛 로마의 영광을 되살려보겠다는 생각으로 나라 이름을 루마니아라고 지었다. 해바라기가 작렬하는 태양을 향해 고개를 빳빳이 들고 있는 것이 장관이다. 식량 자급자족에 가성비 최고인 옥수수는 서로 자기 키가 크다고 뽐내고 있다.

국경에 도착했다. 내릴 준비를 하려는데, 차에서 기다리라고 한다. 운전기사가 여권을 거두어 갔다. 잠시 후 여권은 승객의 손으로 전달되었다. 불가리아 출국 도장과 루마니아 입국 도장이 찍혀 있었다.

'이렇게 편리한 시스템을 보았나!'

마음에 들었다. 터키 국경에서는 출국 심사를 왜 그렇게 까다롭게 했을까? 아시아와 유럽의 차이인가? 모를 일이다.

루마니아는 한눈에 보기에도 넓은 국토를 가졌다. 곳곳에 우리나라와 비슷한 산과 밭이 지나간다. 살찐 소들이 평화롭게 풀을 뜯고 있다. 날렵한 말들은 초원을 힘차게 달린다. 한 폭의 그림처럼 아름답다. 생명체는 어디서 태어나는가에 따라 삶의 질이 크게 달라진다. 간이 버스 터미널에서 잠시 정차하는 동안 운전기사가 바뀌었다. 18인승 밴은 시속 100㎞로 일정한 속도를 유지하며 달렸다.

'기쁨이 넘치는 곳'이라는 뜻을 가진 루마니아 수도 부쿠레슈티에 도착했다. 1861년에 수도가 된 후 '동유럽의 파리'라는 애칭으로 불릴 만큼 문화유산이 많은 아름다운 도시다. 거리의 풍경은 불가리아와는 조금 달라 보였다. 예약한 호스텔이 시내 중심가에 있다. 운전기사에게 종착지인 버스 터미널로 가기 전 시내 중심가에 내려줄 수 있느냐고 물었다.

"오케이!"

잠시 후 몇 사람과 같이 내렸다. 지나가는 청춘들에게 호스텔 주소를 보여주며 어떻게 가면 되는지 물었다. 그러자 구글로 검색해서 호스텔로 가는 방향을 친절하게 알려준다. 동유럽에도 아이폰과 구글이 인기 좋은 것 같다. 스타벅스를 지나면 바로 있다고 했다. 그런데 별 다방을 지나고 10여 분을 걸었는데도 호스텔이 보이지 않았다. 건물 입구에 서 있는 아저씨에게 물었다. 지났다며 손가락으로 걸어온 방향을 가리켰다. 이곳 역시 건물에 한국처럼 큰 간판이 없어서 못 본 것 같다.

호스텔은 석조 건물로 4층이다. 프런트에서 여직원 두 명이 반갑게 맞이한다. 예약을 확인했다. 루마니아 돈만 되고 카드 결제가 안 된다고 한다. 유명한 호스텔이라 세계 각국에서 여행자들이 많이 찾는 곳인데 왜 카드 결제가 되지 않는 것일까? 환전을 했다. 지폐가 매끈하고 색감이 화려한 게 매혹적이다. 캐나다 지폐와 비슷하게 생겼다. 물에 젖지 않고, 쉽게 찢어지지도 않겠다. 유럽에서 최초로 구김이 가지 않도록 폴리머 재질을 사용했다고 한다.

여직원의 안내를 받아 3층으로 올라갔다. 굴곡진 돌계단을 올라가는데, 불을 켜지 않아 어두웠다. 나무로 만든 2층 침대 3개가 있는 6인실 도미토리 룸이다. 더워서 에어컨을 켜달라고 하니, 프런트에 가서 리모컨을 가지고 온다. 시원하게 되면 리모컨을 가져다 달란다. 경제 상황이 좋지 않은 것 같다.

방 한쪽 구석에 커다란 검은 비닐이 있다. 뭔가 싶어 열어보니 커다란 배낭 4개가 들어 있다. 뭐지?

덩치 큰 남자 4명이 들어왔다. 반갑게 서로 인사를 나누었다. 독일에서 온 여행자들은 지난밤에 베드 버그에게 물렸다며 물린 자국을 보여주었다. 오늘 침대를 소독했다고 한다. 내 침대는 괜찮으니 안심하란다.

나도 1992년에 말레이시아 말라테 게스트하우스에서 베드 버그에 물려 며칠 동안 고생했다고 말했다.

짐 정리를 하고 샤워를 했다. 피로를 풀기에는 샤워가 좋다. 저녁 식사를 하려고 호스텔을 나왔다. 많이 어두워졌다. 가게에 가서 시원한 콜라와 생수 2L를 구입했다. 아뿔싸, 마셔보니 탄산수였다. 라벨을 신경 써서 보았는데 잘못 본 것 같다. 되돌아가서 콜라를 반납하고 생수를 다시 샀다.

옆 골목이 구시가지 번화가다. 동서남북으로 레스토랑과 노천카페마다 문전성시를 이룬다. 조용한 시골 마을에 있다가 번잡한 도시의 유흥가로 온 듯하다. 시끄러운 음악과 사람들의 소리가 소음으로 들렸다. 대부분 여행자들인 것 같다. 이렇게 많은 사람이 모여 있는 것이 신기했다. 밤의 여흥을 즐기고 있다. 나 홀로 여행자는 창문에 불 꺼진 곳까지 걸어가 보았다. 간단하게 저녁 식사를 하고 호스텔로 돌아왔다.

틀리게 그린 태극기

호스텔 로비에서 1층으로 올라가는 천정에 손으로 그린 20개국 국기가 있다. 태극기가 네 번째 줄 셋째 칸에서 빛나고 있다. 반가웠다. 그런데 네 모서리에 그려진 괘의 순서를 잘못 그렸다. 건과 이가 바뀌었다. 그린 사람이 태극기를 정확하게 보고 그리지 않았다. 하긴, 우리나라 사람도 태극기를 정확하게 그리기란 쉬운 일이 아니다. 이해하면서 알려주어야겠다. 다른 나라 국기를 보면 가로줄 몇 개, 세로줄 몇 개, 둥근 원하나뿐인 단순한 국기가 많다. 나는 의미가 깊은 태극기를 좋아한다.

초등학생 때 미술 시간에 태극기 그리는 수업이 몇 번 있었다. 가운데 그려진 태극 문양은 음(파랑)과 양(빨강)의 조화를 상징한다. 둥근 원 속 빨강과 파랑의 위치가 헷갈렸다. 어린 마음에 위쪽에 북한이 있으니 빨간색이라고 외웠다. 건(3)은 하늘, 곤(6)은 땅, 감(5)은 달, 이(4)는 해를 뜻한다. 세계 어느 국기에 이렇게 깊은 뜻이 있을까? 세계 어느 애국가에 하느님이 보호하기를 바란다는 가사가 있을까?

"동해물과 백두산이 마르고 닳도록 하느님이 보우하사 우리나라 만세."

매니저에게 시내 지도를 받고 둘러볼 곳을 안내받았다. 중요 관광지는 하루 동안 걸어서 볼 만한 거리다. 도나우강의 지류인 딤보비치강이 흐른다. 19세기에 건축한 건물들과 중세시대 발라키아 왕조의 왕궁 유적과 교회들을 가보았다. 상공업자 동업자 조직인 길드를 보니 반가웠다.

스타브로폴 레오스 교회는 '십자가 마을'이라는 뜻으로 1724년에 건축했다. 구시가 번화가에 있어 접근성이 좋다. 정원에는 묘비들이 많다. 죽은 사람은 외롭지 않겠다. 목조로 조각된 출입문이 특이하다. 화려한 목조 장식과 프레스코화가 인상적이다. 색이 희미하고 퇴색되었지만 느낌은 강렬하다. 여러 번 느끼지만, 예술은 현대인보다 옛사람이 더 뛰어난 것 같다. 인위적인 건물보다 아이들의 순수한 얼굴에서 기쁨을 얻는다.

동화 속을 걷는 것 같은 브라쇼브

기차를 타고 브라쇼브에 도착했다. 오래된 기차역이 동유럽답게 보인다는 것은 선입견일까? 버스 운전기사의 친절한 안내를 받아 호스텔에서 가까운 정류장에서 내렸다. 이름이 익숙하면서도 괴기스러운 드라큘라 호스텔에 도착했다. 잔뜩 찌푸렸던 하늘은 참았던 비를 세차게 쏟아붓기 시작했다.

"휴, 다행이다."

이번 여행에서 비를 처음 만났다. 여행 중에 비가 오면 활동에 제약을 받는다. 1층에 카페 겸 리셉션이 있다. 실내 분위기가 어둡고 인테리어와 소품이 괴기스럽다. 내일 아침 식사를 여기서 먹는다고 한다. 호스텔 규모는 작지만, 지금도 부부가 리모델링하고 있어 깨끗하다.

도미토리 6인실 혼숙이다. 서양 여행자들은 나이, 성별에 있어서 어색함이나 차별 없이 자연스럽다. 여행하다 보면 중년의 내 나이를 잠시 잊게 된다. 배낭여행하는 젊은 청춘들의 자유로움이 보기 좋고 부럽다. 여행하면서 견문을 넓히며 다양한 경험을 한 젊은이들은 인생을 살아가는 데 도움이 될 것이다.

도착 첫날을 비로 공치는 것은 아니겠지 생각하며 하늘을 몇 번 쳐다보았다. 오늘처럼 비 내리고 쌀쌀한 날씨는 따뜻한 국물이 생각나게 한다. 늦은 점심으로 라면을 끓여 '햇반'과 같이 먹었다. 입안에서 흥거운 잔치가 벌어졌다. 온몸이 따뜻해졌다. 2시간가량 지나니 빗줄기가 약해진다. 장거리 여행을 하면서 날씨에 민감할 필요는 없다. 비가 오면 오는 대로 즐겨야 한다. 카메라를 챙겨서 우산을 받쳐 들고 길을 나섰다.

하늘이 서서히 열린다. 탐파산 정상에 흰 구름이 걸쳐 있다. 할리우드 커다란 간판처럼 '브라쇼브' 흰색 글자가 보인다. 카르파티아산맥이 마을을 둘러싸고 있어 전체 분위기가 아늑하다. 브라쇼브는 '세 나라가 빚어놓은 도시' 혹은 '시계가 멈춰선 중세 도시'라는 애칭이 있다. 13세기 독일 이주민들이 건설하고 헝가리인과 루마니아인이 정착하면서 발전한 도시다. 중세시대의 문화유산들이 잘 보존되었다. 거리에는 오래된 석조 건물들이 깨끗하여 부쿠레슈티와는 다른 풍경이다.

구시가지는 큰 도로를 중심으로 여러 갈래 골목길로 연결되어 있다. 거리는 촉촉하게 젖어 있고 비에 씻기어 깨끗하다. 물방울을 맺은 꽃과 나무들이 싱그럽다. 공기가 맑고 달다. 타임머신을 타고 중세시대로 돌아간 것 같다. 골목길에 있으니 동화에 나오는 한 장면 속을 걷는 것 같다. 하멜른의 『피리 부는 사나이』처럼 누군가 피리를 불며 나타날 것 같다. 시간이 멈춘 듯 조용하다. 구시가지 건물들의 보존 상태가 좋다. 건물마다 다른 색깔의 이야기를 담은 것 같다. 여행자는 거리가 예뻐서 걸음을 자주 멈추고 사진을 찍는다.

스파툴루이광장은 현지인과 여행자들이 섞여 붐빈다. 들뜬 분위기가 느껴진다. 13세기 이후부터 국내외 상인들이 이곳에서 장을 열었다. 지금은 주말 시장이 열린다. 정기적으로 지역 특색이 있는 전통적인 축제가 열린다. 우리나라와 달리 사람 사는 곳에는 광장이 있는 것이 부럽다. 가게들은 다양한 상품들을 예쁘게 진열해서 눈길을 끈다. 광장 한편에서 노점상이 파는 먹거리는 사람들의 구미를 당기게 한다. 뜨겁게 단 둥근 불판 위에 밀가루를 옅게 펴서 그 위에 여러 종류의 베리와 초콜릿을 뿌린 것이 먹음직스럽다. 갑자기 허기가 지고 군침이 돈다. 엄청나게 달다. 피곤했는데 초콜릿과 다양한 종류의 베리를 먹으니 피로가 조금 풀리는 것 같다.

하늘이 잠시 열렸다

어제 피곤했던지 깨지 않고 단잠을 잘 잤다. 머리가 맑고 개운해서 기분이 좋다. 창문 두드리는 빗소리가 세차다. 비가 내리면 마음이 차분해진다. 비는 생명수이며 묘한 마력이 있다. 침대에 누워 이불을 끌어당기며 이런저런 생각을 한다.

오늘 계획은 시기쇼아라에 가서 드라큘라 생가와 수도원이 있는 역사지구를 둘러보고, 야간 기차를 타고 부다페스트로 간다. 문제는 시기쇼아라가 거리상으로 애매한 삼각지점에 있다. 어제 도착해서 매표소에 문의하니, 시기쇼아라에서 부다페스트로 가는 야간 기차가 있다고 했다. 그러나 여행안내 센터 직원은 없다고 한다.

"왜 말이 달라 혼란스럽게 하는가?"

확실하지는 않지만 일단 가기로 결정했다. 시기쇼아라에서 부다페스트까지 기차로 12시간이 걸린다. 기차 안에서 밤을 보낼 생각으로 2시 35분에 시기쇼아라로 가는 기차표를 끊었다.

오전에 탐파산(고도 약 960m) 위에 있는 전망대에 올라가야 하는데, 빗줄기가 강하고 산은 여전히 구름 속에 꼭꼭 숨었다. 11시경, 빗줄기가 조금씩 약해지기 시작했다. 체크아웃하고 배낭을 맡겨두고, 우산을 챙겨 호스텔을 나섰다. 산 아래는 공원 산책로가 잘 조성되어 있다. 14세기부터 17세기까지 축성된 성곽이 나무들과 잘 어울렸다. 날씨 좋은 날에 산책이나 조깅을 하면 좋겠다. 케이블카 승강장 입구에 도착하니 기다렸다는 듯이 비가 더 많이 쏟아진다.

'올라가야 하나? 여기까지 온 것으로 만족해야 하나? 그래도 여기까지 왔으니, 그래, 가보는 거야. 언제 다시 와보겠니?'

여기서 멈출 수 없다. 케이블카는 구름을 뚫고 정상을 향해 올라갔다. 약 3분 후에 승강장에 도착했다. 승무원은 우리에게 행운을 빌어주었다. 촉촉한 산길을 20여 분 걸어 뷰포인트에 도착했다. 산 아래는 주홍색 지붕이 빼곡한 구시가지와 저 멀리 신시가지가 구름 아래에 가만히 누워 있다. 잠시 후 브라쇼브에 드리웠던 먹구름이 서서히 걷히기 시작한다. 하나님께서 잘 판단했다고 깜짝 선물을 주시는 것 같다. 뷰포인트에 있던 사람들이 일제히 환호성을 지른다. 약속이나 한 것처럼 이 순간을 놓칠세라 셔터를 누르는 소리가 경쾌하다.

저 멀리 지평선과 카르파티아산맥이 한눈에 들어온다. 아름다운 풍광이다. 역시 올라오길 잘했다. 몇 분 후 후드득, 하며 굵고 거친 비가 쏟아진다. 비록 짧은 시간이었지만 이만하면 되었다. 감사하다. 비가 오더라도 정상에서 조금 더 머무르고 싶었다. 하지만 주어진 시간이 많지 않다. 빠른 걸음으로, 그러나 미끄러지지 않게 발바닥에 힘을 주어 걸었다.

어제 호스텔 매니저에게 기차역으로 가려면 어떻게 가면 되는지 물었다. 건너편에서 버스 5번을 타면 기차역에 간다고 말했다. 아침 식사 후 사장에게 확인차 같은 질문을 했다. 같은 대답이다. 비는 계속해서 내린다. 큰 배낭은 메고, 작은 배낭은 앞으로 해서 우의를 입고, 우산을 들고 정류장에 도착했다. 10분, 20분을 기다려도 5번 버스는 오지 않고, 다른 번호를 단 버스만 온다.

'이상하다. 분명히 와야 할 시간이 지났는데…'

기다리는 아저씨에게 물으니 모르겠단다. 어제 타고 온 4번 버스를 타고 운전기사에게 기차역에 가는지 물으니, 영어를 못 알아듣는다. 승객 중 한 아가씨가 이 버스는 기차역에 안 간다고 한다. 급하게 내렸다. 비

는 더욱더 세게 내린다. 마음이 급해진다. 도로를 건너 호스텔로 갔다.

"건너편 버스 승강장에서 30분 넘게 기다렸는데 5번 버스가 오지 않아요. 어떻게 된 일인가요?"

"호스텔 건너편이 아니고 저쪽 건너편입니다."

"아이고, 이런… 제대로 설명을 잘해주지."

기차 시간이 얼마 남지 않아 달렸다. 다시 알려준 건너편 버스 정류장은 생각보다 멀었다. 몸에서는 땀이 흐르고 비를 맞아 바지와 신발이 젖어갔다. 버스 정류장은 생각보다 훨씬 넓었다. 브라쇼브에서 운행하는 모든 버스는 이곳에서 출발하는 것 같다. 번호에 따라 버스 타는 곳의 팻말이 여러 곳에 흩어져 있다. 아가씨에게 5번 버스는 어디에서 타야 하는지 물었다. 아가씨도 5번 버스를 탄다며 따라오란다.

버스 승강장에서 가쁜 숨을 몰아쉬며 심호흡을 했다. 벌써 2시 30분이다. 이미 늦었다. 기차가 연착하기를 기대하며 버스에 올랐다. 건너편 의자에 앉아 있던 술 취한 아저씨가 다가와 술 냄새를 풀풀 풍기면서 말을 걸었다.

헝가리로 가는 국제 기차

기차는 떠나고 없었다. 예상은 했지만, 혹시나 하는 기대가 무산되니 기운이 빠졌다. 살다 보면 기대한다고 해서 다 그대로 되지는 않는다. 2016년 여름 시베리아 횡단 여행 첫 도시인 블라디보스토크에 머물렀다. 밤부터 내린 비는 그칠 줄 모르고 쏟아진다. 아이들이 곤하게 자고 있어 아침 7시에 출발하는 우수리스크로 가는 기차를 타지 않았다. 아침 먹고 10시경 기차역에 도착했다. 떠난 기차표를 가지고 다음 기차를 탔었다.

혹시나 하는 마음에 매표소로 갔다.

"어제 기차표를 구입했는데 기차가 떠났어요. 이 기차표로 다음 기차를 타도 되나요?"

"안 됩니다. 기차는 떠났기 때문에 어쩔 수 없어요."

다시 한번 도전한다. 옆 창구로 가서 같은 질문을 했다.

"4시 30분에 시기쇼아라로 가는 기차표로 바꾸어주겠습니다."

"오, 감사합니다."

불현듯 스치는 생각. 늦은 오후에 도착하면 그곳에서 3시간밖에 여유가 없다. 시간에 쫓기듯 바쁘게 움직이면 된다. 그곳에도 비가 올지 모른다. 만약 시기쇼아라에서 부다페스트로 가는 야간 기차가 없다면 어떻게 하지? 오늘 첫 일정이라면 모험을 하겠다. 그러나 아침부터 비를 맞으며 바쁘게 움직여 탐파산 정상에 갔었다. 그렇게 급하게 다닐 필요는 없지 않은가? 시기쇼아라는 깨끗하게 포기한다.

"혹시 환불 안 될까요?"

"안 됩니다."

옆 창구를 보니 선하게 생긴 아주머니 직원이 표를 구매하는 사람에게 친절하게 설명하고 있다. 줄을 바꾸어 차례를 기다렸다. 밑져야 본전이니 다시 부딪쳐본다. 같은 질문을 했다. 결론은 오케이다. 역시 해보는 것은 옳다. 10% 공제하고 환불해주었다. 규정된 철도청 매뉴얼이 없는 것일까? 직원마다 말이 다른 이유는 무엇일까? 이번에도 블라디보스토크역에서처럼 잃어버렸다고 생각했던 돈을 찾은 것같이 기뻤다.

국제 기차표 구매는 루마니아 돈만 된다고 한다. 신용카드 사용이 조금 불안했는데, 오히려 잘되었다. 모자라는 돈에 맞추어 환전했다. 1시간 30분 후에 부다페스트로 출발한다. 밤에 출발하는 기차가 아니라 침대칸은 발권되지 않는다고 한다. 그것도 이상해서 갸우뚱했지만, 기차표를 구매했다. 기차역 앞 매점에서 루마니아 사람들이 많이 먹는 돈가스와 양배추 샐러드, 그리고 빵을 사서 지나가는 사람들을 구경하면서 서서 먹었다.

붉은 기차가 도착했다. 제일 앞칸 6인실 컴파트먼트다. 시트가 낡고 붉은색이 바랬다. 몇 정거장을 지났는데 아무도 타지 않는다. 1시간 후 덩치 큰 승무원이 앞에 앉았다. 승무원복은 낡았고, 티셔츠는 단추가 떨어져 나갈 것 같다. 이곳은 자기가 쉬는 공간이라고 말했다.

"그래서 아무도 타지 않았구나. 그런데 왜 나에게 이 칸 기차표를 팔았을까?"

어색한 침묵이 흘렀다. 창밖을 보다가 분위기를 깨고자 질문했다.

"시기쇼아라에서 부다페스트로 가는 기차가 있나요?"

"없습니다. 부다페스트로 가려면 브라쇼브로 다시 오든지, 아니면 다른 도시로 가서 타야 합니다."

"아, 그렇군요."

휴, 안 가길 잘했다. 순간의 현명한 선택으로 곤란한 상황에 처하지 않았다. 다행이다. 비가 내리지 않았다면 분명 시기쇼아라에 갔을 것이다. 그곳에서 부다페스트로 가는 기차가 없는 것을 알고 어떻게 대처했을까? 물론 상황에 따라 최선의 방법을 찾았을 것이다. 시베리아 횡단 기차를 타면서 보았던 낯익은 풍경들이 물결처럼 흐른다. 넓은 목초지에서 살찐 소들이 여유롭게 풀을 뜯고 있다. 들판에는 노란 꽃들이 지천이다. 벌과 나비들도 많을 것이다. 그래서 꿀을 많이 파는 것 같다. 낡은 집이 옹기종기 모여 있다. 텃밭에서 김을 매고 있는 사람들이 낯설지 않다.

연분홍으로 곱게 물들었던 노을이 서서히 사라지고 어둠이 찾아왔다. 승무원은 휴대폰을 꺼내더니 가족사진을 보여주며 가족 소개를 한다. 아들이 귀엽게 환하게 웃고 있다. 본인이 키우고 있는 소와 말 사진을 보여주며 자랑스러워했다. 말을 잘 탄다고 말하는데 어깨가 봉긋 솟았다. 시베리아 횡단 기차 여승무원도 가족사진과 집 내부 사진을 보여주었다. 처음 보는 외국인에게 가족사진을 보여준다는 것은 친근감의 표현이다. 친해져서 사진을 같이 찍었다. 풍경 사진을 찍는데 배려를 해주었다.

휴대폰을 들고 있는 손가락 2개 중간 마디가 짧다. 몇 년 전 공장에서 일하다가 절단되어 붙였는데 이곳이 늘 가렵다며, 얼굴을 찡그리며 긁었다. 가려운 데 효과 있는 연고를 발라주었다. 고마워했다.

달 밝은 밤이 깊어간다. 기차역에서는 마중 나온 사람과 반가운 포옹을 하고, 배웅 온 사람들은 아쉬운 작별을 한다. 침대칸은 아니지만 다른 승객이 없어서 옆으로 누웠다. 루마니아 국경을 지나고 헝가리 국경을 통과할 때, 일반적인 절차를 밟고 여권 도장을 찍었다. 잠깐 잠이 들었다. 화장실에 가려고 일어났는데 승무원이 없다. 다른 칸에서 서류 정리를 하고 있다. 나를 위해 배려한 것 같다. 화장실이 있고 두 다리를 뻗어 누울 수 있어 버스보다 여행하기 편하다. 다시 잠이 들었다가 눈을 뜨니, 앞 좌석에 건장한 군인 두 명이 팔짱을 끼고 자고 있다.

'어, 군인들이 언제 들어왔지?'

혼자 여행을 하면 배낭과 귀중품에 신경이 쓰인다. 군인이 있으니 왠지 안심된다. 철마는 규칙적으로 거친 마찰 소리를 내며 밤새도록 달리고 또 달렸다.

4. 헝가리

부다페스트는 정겨움과 편안함이다

부다페스트 중앙역에 6시 30분에 도착했다. 기차역 냄새가 코끝으로 파고들었다. 도착한 사람에게서는 안도감이, 떠나는 사람에게서는 분주함이 보였다. 가게 점원들은 손님 맞을 준비를 하고 있다. 환전소 문 열기를 기다리는데, 중년 남자가 다가와 환전하겠느냐고 물었다. 수수료는 비쌌지만 1시간 넘게 기다리는 것보다 낫다. 호스텔로 가기 위한 지하철 요금만 있으면 되니 5달러만 바꾸었다.

아트&호스텔은 지도를 보니 겔게르트언덕 아래로 흐르는 다뉴브강 건너편에 있다. 주소가 적힌 종이를 역무원에게 보여주니 모르겠단다. 아주머니가 가르쳐주는 방향의 출구로 나왔다. 바깥 공기는 가을 아침처럼 선선했다. 10여 분을 걸었다. 그런데 반대 방향으로 가고 있는 것 같다. 출근하는 아가씨에게 다시 물었다. 그녀는 핸드백에서 휴대폰을 꺼내 구글 맵을 켜서 검색 창에 호스텔 주소를 입력했다. 외국인에게 길을 알려주려고 노력하는 모습이 예뻤다. 외국인이 말하는 표정과 행동을 보는 것도 여행의 또 다른 즐거움이다.

8시경, 4박 5일 동안 머무를 아트&호스텔에 도착했다. 사무실 앞 팻말에는 9시부터 근무라고 적혀 있다. 경비아저씨에게 짐을 맡기고 나왔다. 10분 거리에 부다페스트에서 제일 큰 중앙시장이 있다. 붉은 벽돌의 외관이 박물관처럼 고풍스럽다. 1층에는 여러 종류의 과일, 고기, 치즈와 각양각색의 소시지가 주렁주렁 달려 있어 여기가 유럽임을 말해준다. 2층에는 이른 아침이어서 문을 열지 않은 가게들이 많았다. 기념품과 공산품을 파는 가게와 식당이 있다. 적혀있는 가격을 보니 생각보다 비싸다. EU에 가입하고 2~3배가 올랐다고 하더니 체감한다.

9시 30분경 호스텔로 돌아왔다. 사무실 문이 여전히 잠겨 있다. 경비 아저씨가 매니저가 가끔 늦게 출근할 때가 있다고 말했다. 10시 30분 넘어 마르고 안경 낀 남자가 도착했다.

다시 찾은 부다페스트는 옛 연인을 만나는 듯 설레고 반가웠다. 정겨움은 익숙함이다. 26년, 시간이 빠르게 흘러갔다. 가슴 한편에 자리하고 있던 빛바랜 추억의 파편들이 하나씩 살아났다.

"사진 찍은 이곳은 변하지 않았다. 그래, 맞아. 이곳에도 왔었다."

기억 속에 남아 추억이라는 이름으로 그리워지는 것은 함께했던 사람이다. 보도블록은 넓은 돌로 만들었다. 발바닥으로 전해오는 느낌이 다르다. 캐리어를 가지고 오면 고생하겠다. 26년 전에 타고 다녔던 빛바랜 노란 트램이 반가웠다. 덜컹거리는 소리마저 감미롭다. 거리의 풍경과 오가는 사람들의 얼굴들이 정겹다.

도나우강은 도도하게 어떤 곳은 급하게 흐른다. 전에 없었던 대형 유람선들이 많이 떠 있다. 관광객이 많이 온다는 증거다. 겔게르트언덕에 올랐다. 시내와 가까워 많은 사람이 올라왔다. 뷰포인트에서 멋지게 펼쳐진 부다페스트를 다시 보니 감회가 새롭다. 부다페스트는 세계 제일의 야경이라고 한다. 아름다운 야경을 보기 위해 기다리는 사람들의 표정은 예나 지금이나 비슷하다. 노을에 반사되어 얼굴이 홍조가 되었다. 부다페스트의 하늘은 분홍빛으로 곱게 물들어간다. 이곳에 사는 사람들은 언제든지 와서 이런 멋진 풍경을 볼 수 있으니 좋겠다.

가족과의 만남

샤워를 시원하게 하고 손잡이를 잡았다.

툭.

둥근 손잡이가 빠졌다.

"아이고, 이럴 수가 있나? 이 무슨 일인가?"

문을 열려고 힘을 주어 밀어도 움직이지 않는다. 꼼짝없이 갇혔다. 혼 자였다면 어쩔 뻔했을까? 다행히 방에는 러시아 아가씨가 자고 있다. 문 을 두들겼다. 인기척이 없다. 다시 꽝, 꽝, 꽝, 세게 두들기면서 소리쳤다.

"헬로! 문 열어주세요. 샤워실에 갇혔어요."

한참 후에 문이 열렸다.

"땡큐, 쓰바시바!"

부스스한 머리를 하고 눈을 비비며 잠을 깨웠다고 중얼거리며 짜증 을 냈다. 2016년에 시베리아 횡단 기차를 타고 러시아 여행을 했다고 하 니 놀라워하며 좋아하던 그녀가 아니었다. 우체국을 찾아갔다. 우리나 라 우체국과는 달라 보였다. 여러 종류의 물건을 판매하는지, 다양한 물 건이 진열되어 있다. 지인과 여행 후원자들에게 첫 번째 사진 엽서를 보 냈다. 손가락이 긴 여직원이 2주 후에 도착한다고 했다. 그런데 한 달 후 에 도착했다. 우편배달 사고가 난 줄 알았다.

중앙시장은 토요일 오후부터 일요일까지 영업하지 않는다. 과일과 먹 거리와 음료수를 사서 냉장고에 넣었다. 사랑하는 가족을 마중하러 가 는 마음이 설렌다. 공항에 갈려면 지하철을 타고 한 번 환승해야 한다. 매니저가 한 번만에 가는 공항버스 승강장이 가까이 있다고 알려주었 다. 프란체리스크 공항은 도심에서 남동쪽으로 16㎞ 떨어져 있다. 관광객들이 많이 방문하는 공항치고는 규모가 작다.

7월 21일 저녁 7시 35분이 도착 시간이다. 아내와 효은이가 탄 비행기는 도착 시간이 한참 지난 후 전광판에 도착했다는 불이 켜졌다. 그러고도 30분이 지났다. 몇 사람은 나왔는데 아내와 효은이는 나오지 않는다. 은근 걱정되기 시작했다.

작년 7월 13일, 효준이와 먼저 출국하여 캐나다 밴쿠버에서부터 남쪽으로 여행했다. 7월 22일 오전 7시 40분, 로스앤젤레스 공항에 비행기가 도착하고 한참 지나도 아내와 효은이는 나오지 않았다. 타이베이에서 환승해야 하는데, 제대로 잘했을까 걱정되었다. 결국 승객들 가운데 제일 늦게 나왔다. 효은이가 활짝 웃으면서 손을 흔들었다.

주위를 둘러보니 한국 사람 몇 명과 이름이 적힌 종이를 든 여행사 직원만 있다. 직감했다. 무슨 일이 생겼다. 가족 단톡방에 문자를 보냈다.

"하이! 도착했니?"

"네, 도착했어요. 그런데 캐리어 하나가 나오지 않아 기다리고 있어요."

"모스크바 공항에서 짐을 다 싣지 못한 것 같아요."

"한국인 탑승객 30여 명만 기다리고 있어요."

도착했다니 기다리면 된다. 1시간이나 더 기다렸다. 한두 사람이 피곤한 얼굴로 빈손으로 나온다. 지치고 허탈한 표정이다. 몇 사람은 당장 갈아입을 속옷과 화장품이 없다며 난감해했다. 아내와 효은이도 피곤해 보였지만, 나를 보더니 환하게 웃는다. 효은이는 "아빠!" 하고 손을 흔들면서 달려온다. 반가움을 가득 담아 힘껏 안았다. 10일 만에 만났는데 오랜만에 만난 것처럼 얼굴을 보니 좋다. 다행히 배낭 안에 갈아입을 옷과 세면도구는 있단다.

비가 시원하게 내린다. '포 택시'를 타고 호스텔에 도착했다. 넓은 방이 마음에 든다고 좋아한다. 준비한 음식과 과일을 맛있게 먹으며 그동안 있었던 일들로 이야기꽃을 피웠다.

시민들의 요가 사랑

아침 식사를 간단하게 먹고 호스텔을 나섰다. 도나우강이 잔잔히 흐른다. 10여 분 거리에 바위산인 겔게르트언덕(고도 약 235m)으로 가는 멋진 다리가 있다. 그런데 입구에 바리케이드가 놓여 있고, 경찰차와 경찰관이 다리를 막고 있다. 어제까지만 해도 트램과 버스와 승용차들이 밤늦게까지 왕래한 도로였다. 다행히 인도로는 갈 수 있다고 한다. 다리 중간에 사람들이 많이 모여 있어서 데모하는 줄 알았다. 가까이 다가가니 눈앞에 놀라운 광경이 펼쳐졌다. 백여 명이 여러 그룹으로 나뉘어 요가를 하고 있다.

"와우! 뜻밖에 멋진 광경을 보는구나."

광장도 아닌 통행량이 많은 다리 위에서 교통을 통제하고 요가를 하고 있다. 우리나라에서는 있을 수 없는 일이다. 이렇게 많은 사람들이 요가를 하는 것은 처음 본다. 그들에게 방해되지 않게 최대한 가까이 다가갔다. 지도자가 요가 동작에 관한 설명을 하면 따라 한다. 난이도에 따라 여러 그룹으로 나누어져 있는 것 같다.

15년 전 6개월 동안 요가를 배웠다. 요가실에는 고요한 음악이 흐르고 마음을 차분하게 하는 라벤더 향이 가득했다. 그때만 해도 나름 유연했다. 지금은 몸이 굳어져 제대로 하지 못할 것이다. 바른 자세와 신

체의 균형을 유지하기 위해 쉬운 동작이라도 하고 싶다.

한쪽에서는 편한 자세로 누워 있거나 앉아서 명상을 하고 있다. '집중, 고요, 평정심' 20년 전에 관심을 가졌던 위파사나가 생각났다. '자신을 바라보기. 내면의 성찰' 다뉴브강을 타고 불어오는 시원한 강바람처럼 머리가 맑아지는 신선한 충격이다. 부다페스트 시민들이 요가를 사랑하는 것 같다. 떠나지 않았으면 몰랐을 색다른 경험을 했다. 여행은 이렇게 매 순간 새로운 배움이다. 여행할 때마다 여러 가지 생각을 하게 한다. 사랑하는 가족과 함께 추억을 차곡차곡 쌓아가는 기분 좋은 휴일의 평온한 아침이다.

마차시 교회와 어부의 요새

헝가리는 우리나라와는 오래전부터 인연이 깊다. 천 년 역사 동안 이민족으로부터 침략을 많이 받았다. 백성들이 모진 고난을 겪은 것이 우리나라와 닮았다. 동병상련이 생긴다. 그런데도 독자적인 문화와 언어를 잘 지켜가고 있음에 박수를 보낸다. 회색 빌딩들이 아닌, 고풍스러운 건물과 푸른 숲이 많아서 보기 좋다. 물가가 많이 올랐지만, 여전히 저렴한 것이 마음에 든다. 부다페스트는 '동유럽의 파리', '다뉴브강의 진주'라고 불릴 만큼 아름다운 도시다. 우리에게 익숙한 다뉴브강을 이곳에서는 도나우강이라 부른다. 같은 강인데 나라마다 부르는 이름이 다른 것이 신기했다. 강 좌우편으로 유명한 관광지들이 어깨를 나란히 하고 있다. 유네스코는 도시 중앙에 흐르는 도나우강과 도시가 아름다워 1987년에 세계문화유산으로 지정했다. 문명의 발상지와 발전한 도시는

강이 필수다.

1849년에 세체니 다리가 개통되어 '부다', '페스트' 지역 주민들의 왕래
가 편리해졌다. 부다 지역은 지대가 높고 숲이 많아 왕궁과 고급 주택이
있다. 견고한 치타델라 성채에는 부다 왕궁, 어부의 요새, 마차시 성당
이 있다. 성당은 고딕 양식으로 건축하였으며, 알록달록한 모자이크 지
붕이 눈길을 사로잡는다. 원래 이름은 성모 마리아 대성당이었지만, 마
차시 1세의 이름을 땄다.

입장료가 비싸지만, 안이 궁금했다. 매표소 앞에 줄을 섰다. 아내와
효은이가 성당 입구에 있는 안내판을 보고 와서 오늘 저녁에 성당에서
오르간 연주회가 있다고 말했다. 안내원에게 물으니 무료란다. 저녁에
다시 와야겠다.

어부의 요새는 생일파티에 주인공이 쓴 고깔모자와 과자를 닮았다.
7개 탑은 헝가리인의 조상 마자르인의 7개 부족을 상징한다. 강 건너편
에 국회의사당이 멋을 부리며 뽐내고 있다.

11시경 호스텔로 돌아왔다. 경비원 아저씨는 퇴근하고 없다. 아침에 캐
리어가 도착하면 문 앞에 두라고 말했었다. 캐리어도 없고 메모도 없다.

"내일은 캐리어가 도착해야 할 텐데…."

여동생과 바흐 오르간 연주를 들었다

조카가 1년 동안 체코에서 교환 학생으로 있다. 여동생이 예인이를 만
나 2주 동안 예원이와 함께 여행을 다니고 있다.

도나우강 건너편 국회의사당이 보이는 호텔에서 사이좋은 오누이가

반갑게 만났다. 저녁에 마차시 교회에서 오르간 연주회가 있는데 같이 보자고 했다. 호텔을 나와 오르막길을 걸어야 한다. 예원이가 며칠 전에 다리를 삐끗해서 걷는 것이 불편했다. 천천히 오라고 했다. 우리가 성당에 먼저 도착했다. 연주회가 시작할 즈음 문을 닫으려 했다. 안내원에게 사정을 이야기하고, 조금 후에 조카가 도착하면 문을 열어줄 수 있는지 물었다. 흔쾌히 그렇게 하겠다고 한다.

여행 중 뜻밖의 선물에 하루의 피곤함이 사라진다. 마차시 교회는 부다페스트에서 가장 아름다운 교회다. 헝가리 역대 왕들의 대관식이 열리던 곳이다. 그래서인지 다른 교회와 달리 기품이 있어 보였다. 1015년에 이슈트반왕이 건축했다. 이슬람교도에 의해 훼손되었다. 1470년에 마차시왕이 재건축을 했다.

지금까지 여러 나라를 여행하면서 많은 성당과 다양한 형태의 파이프 오르간을 보았다. 성화들은 내용은 같지만 표현하는 방식이 달랐다. 믿음과 기도는 비슷할 것이다. 내부 장식과 조각들은 시대의 특징을 잘 나타낸다. 특색과 개성이 있어 구경하는 데 지루하지 않았다.

가톨릭적인 엄숙함과 이슬람의 예술적 분위기가 섞여 독특한 매력이 있다. 십자가를 보고 고개 숙여 손을 모으고 눈을 감는다. 이번 여행도 건강하게 잘 다니게 해달라고 기도하니 마음이 든든해진다.

연주자가 의외로 젊은 남자다. 바흐 하면 흰 가발이 생각난다. 음악은 장중함이 무거움이다. 다양한 크기의 수십 개 파이프에서 오르간의 육중한 소리가 공간에 울려 퍼진다. 여러 음이 화음을 이루어 춤을 추는 것 같다. 전반적으로 엄숙하지만 때로는 경쾌하다. 음악적인 배경지식이 없어 충분히 이해하지는 못했지만, 좋아하는 여동생과 부다페스트에서 함께하는 이 시간이 행복했다. 관람하는 사람들의 태도도 좋다. 웅장한

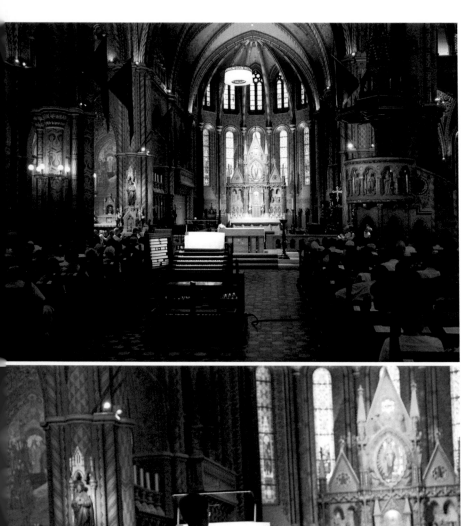

교회와 잘 어울렸다. 바흐의 오르간 연주곡 네 곡을 한 시간 동안 감상했다.

어부의 요새도 밤에는 망루에 무료로 올라갈 수 있다. 많은 사람이 앉아 경관을 보거나 이야기하면서 여유를 즐기고 있다. 산 능선 위로 분홍빛으로 물들어가는 노을이 아름답다. 중후한 어르신들이 귀에 익숙한 명곡으로 야외공연을 하고 있다. 저녁 식사를 하러 가기 위해 잠시 듣고 길을 재촉했다. 성의 표시도 습관인 것 같다. 다음에는 적은 돈이라도 넣고 와야 마음이 편할 것 같다.

분위기 있는 레스토랑에서 헝가리 전통음식인 굴라쉬와 여러 요리로 저녁 식사를 맛있게 먹는다. 어머니에게 카카오톡으로 함께 있는 사진을 보냈다.

"내 새끼들 사진 보니 내가 정말 해피하네. 즐겁게 보내라. 사랑해."

답장이 바로 왔다.

"근사하네. 현진이가 오빠가 사준다고 좋아하네. 돈 걱정하지 말고 실컷 자시게. 밥값은 내가 쏜다."

"하하, 감사합니다. 제가 쏠게요. 이곳 시간은 밤 10시 13분입니다."

세체니 다리 앞의 혀 없는 사자상

세체니 다리 앞에 앉아 있는 사자상이 특이했다. 사자는 부다페스트와 무슨 관련이 있을까? 부다페스트 시민이 사자를 좋아하나? 헝가리 건국 신화에 나오나? 1992년에 이곳에 왔을 때는 궁금했지만 알 수 없었다. 요즘처럼 인터넷으로 쉽게 검색할 수 있는 시절이 아니었다. 무슨

이유가 있겠지 하고 넘어가는 것이 정신 건강에 좋았다.

　서유럽을 여행할 때는 점심은 공원 벤치에서 빵에 딸기잼을 발라 한 끼 때우는 것이 보통이었다. 부다페스트는 물가가 저렴했다. 식당에서 제대로 된 음식을 먹을 수 있어 좋았다.

　어부의 요새에서 내려왔다. 세체니 다리가 2013년에 즐겨보던 KBS 드라마 〈아이리스 2〉에 나와 반가웠다. 다리 양쪽 끝에는 사자상이 변함없이 앉아 있다. 사자상을 조각한 조각가는 자신의 작품에 대해 자부심이 강했다. 만약 흠이 있다면 다리에서 뛰어내리겠다고 할 정도였다. 그런데 한 어린이가 부모에게 "왜 사자 입에 혀가 없어요?"라고 묻는 것을 조각가가 들었다. 아이들은 그냥 본 것, 들은 것을 이야기한다. 실수를 깨달은 조각가는 강으로 투신했다. 그렇다고 투신까지…. 사자상에 혀가 진짜 없는지 확인하러 오는 관광객이 많아졌다.

　이럴 줄 알았으면 소피아에서 본 사자 동상에 혀가 있는지 유심히 볼 것을 그랬다. 경복궁에 있는 해태상에는 혀가 있었던가 궁금하다. 상상의 동물이어서 없을 수도 있겠다. 경복궁에 가면 자세히 봐야겠다.

국회의사당과 유대인 신발

비가 조용히 내린다. 이런 날은 외출하지 않고 실내에서 따뜻한 차 한 잔을 앞에 두고 음악을 듣거나 책을 읽으면 좋다. 그러나 지금은 여행 중이다. 한 시간도 아쉬운 지금 나가지 않으면 시간이 아깝다.

노란색 트램을 타고 국회의사당 앞에 내렸다. 다시 봐도 멋지고 크다. 헝가리에서 가장 큰 건축물이며 세계에서 두 번째로 큰 규모다. 네오고딕 양식이어서 날카롭다. 건국 천 년을 기념하여 1904년에 완공했다. 헝가리에서 생산되는 자재만 사용하고 국내 기술로 건축했다. 길이 268m, 폭 123m, 가장 높은 중앙 돔의 높이는 96m로, 내부에 691개의 방이 있다. 외벽에는 역대 왕과 지도자 88명의 동상이 있다. 내부는 황금과 보석으로 만든 왕들의 왕관이 있다. 샹들리에, 프레스코화, 미술 작품, 스테인드글라스가 볼 만하다. 가이드 투어로만 입장할 수 있다. 관람 시간은 약 40분 정도 걸린다. 입장료가 일반 5,200Ft, 한화로 21,000원이다. 비싸다. 학생은 2,600Ft. 학생 할인이 되는 효은이만 카메라 들고 구경하기로 했다.

우리는 보슬비 내리는 도나우강 강변을 우산을 들고 산책했다. 얼마 지나지 않아 비가 그쳤다.

'유대인 신발'

철로 만든 녹슬고 낡은 신발들이 보였다. 제2차 세계대전 당시 독일

나치들이 헝가리 유대인들을 심하게 박해했다. 1944년 12월부터 1945년 1월까지 죽은 사람이 2만여 명이다. 크리스마스에도 나치들은 유대인들을 도나우 강가에 모이게 해서 총살했다. 참혹하며 슬픈 일이다. 시든 꽃과 타다 만 초들 위에 빗물이 고여 그날의 참상을 말해주는 것 같다.

왜 전쟁을 일으키며 죄 없는 사람들을 죽이는가? 인류 역사는 끊임없는 전쟁의 연속이다. 어떠한 이유에서든 사람의 목숨을 해하는 일은 절대로 있어서는 안 된다. 억울하게 죽은 영혼들을 위로하며 묵념했다.

씨티은행을 찾으러 갔다. 캐나다와 미국에서 씨티 ATM기를 찾기 위해서 시간을 보냈다. 검색하니 동유럽에서는 부다페스트에 씨티은행이 있다. 친절한 사람의 안내를 몇 번 받아 큰 건물 안으로 들어갔다. 은행들이 많이 있다. 그러나 이곳 역시 씨티은행만 있고 ATM기는 없었다.

오페라 하우스를 투어하고 세미 공연을 보다

헝가리 국립 오페라 하우스에 도착했다. 헝가리의 대표적인 19세기 건축물이다. 건물 외관이 오래되었지만 고풍스럽다. 네오르네상스 양식으로 우아하고 품위가 느껴진다. 상트페테르부르크에서는 〈백조의 호수〉를 관람했었다. 유럽에 왔으니 오페라나 뮤지컬 공연을 보고 싶다.

매표소 직원이 대공연장이 수리 중이어서 들어갈 수 없다고 한다. 실망한 표정을 짓는 나에게 걱정하지 말란다. 오페라 하우스 내부 가이드 투어를 40분 동안 한다며 소개했다. 3년 전부터 투어 마지막에 세미 공연도 하는데, 이거라도 보려면 보라고 했다. 5개 언어별로 20여 명이 정해진 시간에 로비에 모였다. 체격이 듬직하며 활발한 성격의 여성 가이드가 오페라 하우스 내부 구석구석을 안내했다. 오페라 하우스에 관한 것과 에피소드를 친절하게 설명했다. 전통 복장을 한 배우들이 공연을 위해 세월이 느껴지는 두꺼운 카펫이 깔린 이곳을 오가는 모습을 상상해보았다.

내부는 기대보다 볼 만했다. 왕궁처럼 벽과 천장에는 여백 없이 그림으로 가득 차고 인테리어는 눈부시게 화려하다. 대공연장은 화면으로 보면서 아쉬운 마음을 달랬다.

"언젠가 다시 와서 오페라를 관람하리라."

가이드 투어를 마친 후 메인 홀 계단에 앉아 세미 오페라 공연을 관람했다. 남자 배우의 익살스러운 쇼맨십에 관객들은 크게 웃었다. 아쉬움이 남았지만 오페라 하우스 구경을 즐겁게 하고 바깥으로 나오니 비가 내린다.

유람선에서 본 부다페스트 야경

패키지여행은 준비된 차량으로 이동한다. 자유여행은 더 많이 움직여야 한다. 어제는 타지 않았던 트램을 이용해서 시간을 절약했다. 기억의 저장소에는 청년의 때에 다녀온 곳들이 여러 곳으로 흩어져 있었다. 이제 추억의 장소의 위치가 온전히 그려졌다. 구름이 쉬어가고 별들도 자고 간다는 도나우강의 경치에 매료된다.

겔레이트언덕 위에서 부다페스트의 멋진 야경에 취하고 있었다. 아내가 오늘 유람선을 타자고 했다. 원래 계획은 20일 후 자그레브에서 돌아와 유람선 타면서 마지막 밤을 보내는 것이다. 다음 날 아침에는 세체니 온천욕을 하면서 여행으로 쌓인 피로를 풀고 오후에 가족이 먼저 귀국한다. 생각해보니 2주간의 여행으로 심신이 피곤하고 쇼핑도 해야 하는데 바쁠 것 같다. 그날 날씨가 어떻게 될지 모른다. 그러는 것이 좋겠다.

유람선 마지막 배 시간이 얼마 남지 않았다. 겔레이트언덕은 생각보다 넓었다. 시간 단축을 위해 올라온 길이 아닌 반대 방향으로 내려가야 한다. 어둡고 좁은 산길이라 올라오는 사람이 없다. 마침 커플이 손을 잡고 올라온다. 선착장으로 내려가는 길이 맞는지 물으니 이 길로 내려가면 된다고 한다. 가로등 불빛이 희미한 산길을 빠른 발걸음으로 내려오면서, 이렇게 바쁘게 다닐 필요가 있나 하는 생각이 들었다. 그러나 3박 4일 동안 볼 곳이 많으니 어쩔 수 없다. 다행히 가족이 불평 없이 잘 따라주어 고맙다. 걸음이 빠른 내가 먼저 내려가서 유람선표를 끊어야 한다. 30여 분을 부지런히 걸었다. 마지막 10여 분은 거의 달리다시피 빠르게 걸었다. 선착장마다 뱃삯이 다르다. 10번 선착장이 뱃삯이 가장 저렴한 곳이어서 사람들이 많이 찾는다. 세체니 다리 위에서 보니 선착장에 줄이 길다. 매표소가 보이지 않는다. 줄 선 사람들에게 물으니, 확실하지 않지만 배 타기 전에 승선권을 판다고 했다. 잠시 후 내 차례다. 학생은 할인이 된다. 학생이 있다고 하니 직원이 학생이 와야 한다고 퉁명스럽게 말했다.

유람선 출항 시간이 얼마 남지 않아 배를 놓칠 뻔했는데 가족 모두 승선했다. 빠른 걸음으로 오느라 온몸에 땀이 흐른다. 젖은 머리카락 위로 시원한 강바람이 불어온다. 구명조끼가 안 보인다. 생각해보니 모스크바에서 탄 유람선과 나이아가라 폭포 유람선에서 구명조끼를 착용하지 않았다. 안전 불감증인가? 이러다가 사고가 나면 인명 피해가 클 텐데 하는 생각이 들었다.

유람선은 국회의사당까지 가서 그 앞에서 돌아, 겔레이트언덕 아래를 지나 출발 장소로 되돌아온다. 왕궁, 어부의 요새와 관공서로 보이는 큰 건물들과 다리 위에 형형색색 불이 켜지니, 과연 소문대로 아름답고 멋지다. 홍콩과 상하이 야경도 멋지지만, 모스크바와 부다페스트의 야경이 더 마음에 든다.

오른쪽에 국회의사당이 황금색 보석처럼 반짝반짝 빛나고 있다. 사람들이 탄성을 지르며 그쪽으로 몰려가 휴대폰으로 사진 찍기에 바쁘다. 그런데! 국회의사당 바로 앞에서 급하게 유턴을 해버린다. 순간 관광객들은 아쉬운 마음에 안타까운 외마디 비명을 지른다.

"아, 이런…."

선장은 관광객들이 국회의사당을 조금 더 가까이에서 보고 싶어 하는 마음을 모르지 않을 것이다. 마지막 배라서 집에 빨리 가고 싶어서 그런 것일까?

5. 오스트리아

음악의 도시 비엔나(빈)

어렸을 때 오스트리아와 오스트레일리아가 혼동되었다. 치킨과 키친도 헷갈렸다. 서양인들도 헷갈리기는 마찬가지인 것 같다. 오죽하면 오스트리아 국경에 이런 간판이 있겠는가? "오스트리아에는 캥거루가 없다."

오스트리아 하면 알프스 소녀 하이디, 〈사운드 오브 뮤직〉, 다뉴브 강, 비엔나소시지, 비엔나커피가 떠오른다. 빈보다는 비엔나라는 영어 이름이 더 익숙하다. 익숙한 것은 편안하고 정감이 느껴진다.

비엔나는 우리에게 친숙한 모차르트, 베토벤, 슈베르트, 요한 슈트라우스가 살았던 도시다. 유명한 음악가들이 어떻게 자랐는지 생가를 보고 싶다. 창작 활동을 하던 곳과 연주하던 곳에서 그들의 음악을 듣고 싶다. 클래식 음악 애호가들은 생애 한 번은 꼭 가보고 싶어 하는 꿈의 여행지다. 도시 곳곳에서는 사계절 내내 음악이 끊이지 않는다. 말 그대로 음악의 도시다. 오스트리아는 600년 넘게 유럽을 지배한 합스부르크 왕가의 본국이다. 크고 작은 유적들을 곳곳에서 볼 수 있다. 서유럽에 속하지만, 수도인 빈이 동쪽 끝에 있어 동유럽에 속한다.

그림 같은 알프스의 풍광과 잔잔한 호수와 부드러운 강을 끼고 있어 스위스 못지않게 아름다운 자연경관에 매료된다. 개인적으로 스위스보다 푸근함과 여유가 느껴지는 오스트리아가 더 좋다. 반지 모양으로 생긴 환상 도로인 링(Ring)을 중심으로 약 5.2~6.4㎞ 내에 볼거리가 몰려 있다. 2001년 유네스코 세계유산 역사지구로 지정되었다. 유명한 성당과 도시 곳곳에 멋지게 자리하고 있는 성당들이 많이 보인다.

오스트리아 최고의 건축물인 슈테판 대성당에 들어갔다. 규모와 내부 장식을 보면서 입이 딱 벌어진다. 과연 비엔나의 랜드마크라고 할 만했다. 12세기에 로마네스크 양식으로 건축했다. 14세기에 고딕 양식으로 재건축했으며, 18세기에 내부는 바로크 양식으로 만들었다. 독특하면서 묘하게 어울리는 구조였다. 건축, 조각, 인테리어를 하는 사람이 이곳에 오면 영감을 많이 얻을 것 같다.

모차르트 동상과 핑크빛 노을

볼프강 아마데우스 모차르트(1756~1791년) 동상을 '시민 정원'에서 보니 반가웠다. 동상 앞에는 꽃으로 높은음자리표를 만들었다. 깜찍한 발상에 미소 짓는다. 음악 신동으로 산 기분은 어땠을지 궁금하다. 한 분야에 뛰어난 재능을 가진 사람들은 가지고 있는 에너지를 다 쏟아붓기 때문에 세상을 일찍 떠나는 것이 아닌가 생각한다.

"인생은 짧아도 예술은 길다."

모차르트는 지금 오스트리아 사람들을 먹여 살린다. 유명인과 관련 있는 도시들은 유명 관광지가 되어 관광 수입이 엄청나다. 서쪽 하늘이 핑크빛으로 물들어가는 공원을 걸으니 좋다. 시민들은 여유롭게 산책하거나 벤치에 앉아서 이야기를 나누고 있다. 이곳에 살면 아침에는 조깅을 하고, 저녁 식사 후에는 산책을 할 것 같다. 야외공연을 하거나 스피커를 통해서 모차르트 피아노 협주곡이 흘러나오면 좋겠다는 생각이 들었다. 위대한 음악가와 함께하는 삶은 더 풍성할 것이다.

아름다운 쇤부른궁전

지하철에서 내려 쇤부른궁전까지 20여 분 걸었다. 햇살이 뜨겁고 기온은 많이 올라갔다. 매표소에는 엄청나게 많은 사람이 줄을 서 있다.

쇤부른궁전은 오스트리아에서 가장 오래된 궁전이다. 합스부르크 왕가의 여름 별궁으로 사용했다. 마리아 테레지아 재위 기간(1740~1780년)에 완공했다. 베르사유궁전과 더불어 유럽에서 가장 화려한 궁전이다. 쇤부른은 '아름다운 우물'이라는 뜻으로, 왕실의 우물이 있어서 붙여졌다. 모차르트가 어렸을 때 연주했던 궁전이다. 1996년에 유네스코 세계유산으로 등재되었다. 생각보다 늦게 등재되어 고개를 갸우뚱하게 한다.

궁전 외형은 일반 건물처럼 단순해 보인다. 내부는 1,441개의 방이 있어 규모가 대단하다. 지금 봐도 넓은데, 17세기에 살던 사람들의 눈에는 엄청났을 것이다. 화려한 샹들리에가 여러 개 달려 있다. 금장식으로 된 예술작품들이 많다.

아름드리나무들이 가득한 숲속 벤치에 앉았다. 소풍 온 것 같다. 꽃향기가 바람에 실려 코끝으로 들어왔다. 과일과 빵으로 에너지를 보충했다. 잘 꾸며진 넓은 정원을 가로질러 언덕 위로 올라가니 승전을 기념하여 건축한 글로리에테가 있다. 아테네에서 본 신전을 닮았다고 생각했는데, 그리스식 건축물이라고 한다.

시야가 탁 트여 쇤부른궁전을 비롯하여 빈이 한눈에 들어왔다. 1992년에 언젠가는 가족과 함께 다시 찾아오겠다는 다짐이 실현되어 뿌듯했다. 뜨거운 햇살과 간간이 불어오는 시원한 바람, 맑고 신선한 공기, 세월은 흘렀어도 자연은 변함이 없다.

아내와 효은이가 곁에 있어 좋다. 같은 장소에서 같은 포즈로 사진을

찍었다. 사람은 같으나 겉모습은 변했다. 보는 것과 생각하는 것도 달라졌다. 깊어지고 넓어졌다.

여행자는 나이 들어가면서 성숙해졌다.

눈이 호강한 미술사 박물관

광장 중앙에 오스트리아 사람이 존경하는 합스부르크 왕가의 유일한 여성 통치자인 마리아 테레지아 동상이 있다. 동상을 중심으로 마주 보며 쌍둥이 큰 건물이 있다. 이탈리아 르네상스식으로 건축했는데, 건물 자체만으로도 충분히 예술적으로 아름답다. 지금까지 세계 7대 박물관을 비롯하여 많은 미술관을 관람했다. 빈 미술사 박물관은 처음이다.

오늘은 오른쪽에 있는 '미술사 박물관'을 구경했다. 1871년에 착공하여 1891년에 완공한 후 개관했다. 합스부르크가와 후원자들이 수집한 컬렉션을 바탕으로 설립하였다. 파리의 루브르 박물관, 마드리드의 프라도 박물관과 함께 유럽 3대 미술관이라고 말한다. 중부 유럽에서 최대 크기인 만큼 생각보다 넓다. 중앙 홀을 중심으로 양쪽으로 'ㅁ자' 구조이다. 안내 지도를 참고해서 동선을 잘 짜야 효율적으로 관람할 수 있다. 천정을 보니 헝가리의 화가 문카치의 작품이 있다. 천장화를 볼 때마다 시간이 많이 걸렸을텐데 어떻게 그렸는지 궁금하다.

5개의 전시관이 있다. 1층은 고대 그리스·로마, 고대 이집트의 조각과 응용미술이 있다. 2층은 미술사 박물관의 대표적인 거장들의 명화가 있다. 회화관에는 15세기에서 18세기 유럽 고전 작품이 있다. 오랜 세월이 흘렀음에도 명화들은 여전히 빛을 발한다.

루벤스, 렘브란트 작가의 작품을 보면 반갑다. 미술에 관한 지식이 없지만, 한눈에 보아도 훌륭한 작품임을 알 수 있다. 에덴동산, 아담과 하와, 바벨탑, 삼손과 델릴라, 예수님께서 세례요한에게 세례받는 장면, 십자가에서 내려온 장면을 그린 명화는 한 번 더 보게 된다. 그 밖에 공예관, 그리스·로마관, 이집트·오리엔트관, 메달·화폐관을 둘러보기 바빴다. 작품을 전시한 크고 작은 전시관의 인테리어도 예사롭지 않다.

넓은 전시관 가운데에는 푹신한 소파가 있다. 다리가 아프거나 피곤하면 마음에 드는 작품 앞에 있는 소파에 편하게 앉아서 쉬면서 한 작품에 집중할 수 있어 좋았다. 시간이 많이 없어서 작품 하나하나 감상하지 못해 조금 아쉽지만, 나중을 기약하며 오늘은 이것으로 만족한다. 그림에 관해서 공부하고 싶다는 생각이 들었다. 비엔나 시민과 학생들은 복 받았다. 시간 있을 때 와서 천천히 명화의 매력에 빠질 것이다. 훌륭한 작품들을 한 곳에 전시하여 편하게 관람을 잘할 수 있었다. 감사하다.

부러운 자연사 박물관

워싱턴에서 홀로코스트 메모리얼 박물관, 우주항공 박물관, 스미스소니언 박물관을 관람했다. 영화 〈박물관이 살아 있다〉의 배경이 된 자연사 박물관은 시간이 부족해서 못 간 것이 아쉬웠다.

유럽에서 규모가 제일 큰 자연사 박물관에 왔다. 1750년부터 합스부르크 왕가의 수집 보관 장소로 사용하였다. 앞에 있는 미술사 박물관과 함께 국왕 프란츠 요제프 1세가 제국 광장 건설 계획으로 1889년 8월 10일에 개관했다. 약 1,500개의 다이아몬드로 만든 마리아 테레지아의 보석 부케 등 3만여 점 작품을 소장하고 있다. 과학박물관으로서는 유일하게 영국의 『선데이 타임스』에 세계 10대 박물관으로 선정되었다.

박물관은 예상대로 선사시대로부터 현대까지 자연과 관계있는 흥미진진한 수집품들로 가득 차 있다. 오랜 세월 동안 사람과 자연이 살아

온 흔적이다. 종류의 다양함과 보존의 우수성에 놀랐다. 잘 보려면 시간을 두고 오랫동안, 깊이 있게, 느리게 보아야 제대로 본다. 패키지여행에서는 이렇게 보기 어렵다. 자유여행의 최대 장점은 보고 싶은 곳을 원하는 만큼 시간을 내어 볼 수 있다는 것이다.

전시 작품들도 대단하고 놀랍지만, 내부 인테리어가 예술적이고 고급스러워 주위와 천장을 올려다보게 된다. 과학에 관심 없던 사람이라도 신기한 것을 보면 흥미를 가지고 보게 된다. 시간 가는 줄 모르겠다. 효은이가 꼼꼼하게 보는 것을 보니, 여기 온 보람을 느꼈다.

실제 크기의 공룡화석도 많다. 요즘 아이들은 길고 어려운 공룡 이름을 다 외운다. '라키오사우루스'와 '아파토사우루스' 등이 그것이다. 해충관과 미생물관에서 현미경으로 보았다. 살아 움직이는 것이 징그러우면서 놀라웠다. 잠깐이지만 과학 세계를 경험했다.

1683년 9월 17일, 현미경으로 처음 미생물을 발견했다. 눈에 보이지 않는 것을 보고 싶은 지적 호기심에서 시작한 현미경과 망원경의 발명은 획기적인 역사적인 사건이다. 렌즈를 통해 보게 된 새로운 세계는 무궁무진하다.

인류 역사상 가장 오래된 미술품인 〈빌렌도르프의 비너스〉가 있다. 117kg의 거대한 토파즈(황옥) 원석과 우주에서 떨어진 운석이 있다. 흥미로운 것과 관심이 생기는 전시품들이 많아서 미술사 박물관보다 더 재미있다. 한나절 보았지만 다 못 보았다. 우리나라는 왜 이런 규모의 자연사 박물관이 없을까? 구경을 하면서 부러웠다. 박물관을 나오면서 자연 보전의 중요성을 실감했다. 짧은 기간 동안 경제력이 향상되었다고 선진국이 아니다.

역사와 전통이 오래된 선진국의 다른 모습을 보았다.

호텔로 돌아가기 전 슈퍼마켓에 들러 과일과 먹거리와 음료수를 구입했다. 하늘을 보니 구름 모양이 심상치 않다. 하늘에 바다가 생겼다. 태어나서 저렇게 무섭게 생긴 구름은 처음 본다. 쓰나미가 몰려오는 것 같다. 한바탕 쏟아부을 것 같다. 호텔에서 잠시 쉬다가 야경을 구경할 계획인데 비가 많이 내린다.

6. 체코

뜻밖에 천사들의 도움을 받았다

26년 만에 다시 찾아온 프라하. 가족과 함께 3박 4일 동안 추억 속으로 빠져보자.

광장에는 많은 비눗방울이 춤추고 있다. 아이들이 재밌어하며 비눗방울을 잡으려고 폴짝 뛰는 모습이 귀엽다. 어른들은 어렸을 때 추억을 떠올리며 빙그레 웃으면서 보고 있다. 아파트 체크인은 오후 8시까지다. 7시경 예약한 아파트에 도착했다. 현관 철문은 굳게 닫혔다. 벽에 상호와 호실과 초인종이 여러 개 있지만, 아파트 이름은 없다.

"어느 초인종을 눌러야 하나?"

10여 분을 서성였다. 마침 나오는 사람이 있어 안으로 들어갔다. 'ㅁ자' 구조로, 가운데에 공간이 있고 하늘이 보였다. 5층 건물에 방이 여러 개 있다. 체크인하고 열쇠를 받아야 하는데, 아무리 찾아봐도 프런트가 보이지 않는다. 이곳은 한 달 전에 예약했다. 다른 호스텔들은 예약만 하고 도착해서 결제하는 것과는 달리, 바로 카드가 결제된 곳이다. 3층 테라스에서 남자들 소리가 들렸다. 엘리베이터를 타고 올라갔다.

"안녕하세요. 프런트가 어디 있나요?"

"여기는 없고 바깥으로 나가서 건물 몇 채를 지나면 있어요."

사무실 문은 굳게 닫혀 있다. 직원은 퇴근한 것 같다.

"우리 방 열쇠는?"

체크인할 시간이 한 시간이나 남았고 예약한 손님이 오지 않았는데, 무책임하게 퇴근하면 안 되지 않는가? 'EE 유심'은 속도는 빠르지만, 통화를 할 수 없다. '쓰리심'은 속도는 느리지만, 통화를 할 수 있다고 해서 2개를 구입해서 사용하고 있다. 적혀 있는 전화번호로 전화를 하니 신호가 가지 않는다(그 후로도 쓰리심이 들어 있는 폰으로 통화를 시도해보았지만, 신호가 가지 않았다. 무슨 문제일까?). 난감했다. 곤란한 상황이다.

아파트로 돌아와 1층 벤치에 앉았다. 경우의 수를 생각했다. 마침 네덜란드에서 온 젊은 커플이 자기들도 조금 전에 도착했는데, 직원에게 전화해서 열쇠를 둔 박스의 비밀번호를 받았다고 한다. 우리의 사정을 이야기하고 사무실 앞에 적혀 있는 전화번호를 주고 통화를 부탁했다. 흔쾌히 자기 폰으로 전화를 하니 통화가 되었다. 다른 벽에 조그마한 박스가 붙어 있다. 비밀번호를 돌리니 박스 문이 열렸다. 작은 열쇠가 앙증맞게 들어 있다. 반가웠다.

"휴, 이제 들어갈 수 있겠다."

고맙다는 인사를 여러 번 했다. 뜻밖에 천사의 도움을 받았다. 다시 만나면 감사의 마음으로 선물을 주고 싶었는데, 그 후로 만나지 못해 아쉬웠다. 아파트에 들어가니 높은 천장과 푹신한 침대와 소파와 식탁이 눈에 들어왔다. 요리하기에 불편함 없이 취사 시설이 있다. 드디어 프라하에 우리 집이 생겼다. 아쉬운 것은 에어컨이 없어서 더웠다.

저녁 식사를 하러 바깥으로 나왔다. 어느새 어둠이 내려앉았다. 전통이 느껴지는 식당으로 들어갔다. 에어컨이 없어 더웠다. 에어컨이 일상적이지 않은 것 같다. 요리사에게 어떤 것을 먹으면 좋을지 추천해 달라고 말했다. 프라하에 오면 꼭 먹어봐야 한다는 체코 정식을 추천했다. 꼴레뇨를 비롯한 여러 종류의 고기가 생각보다 푸짐하게 나왔다. 흑맥주로 건배하며 프라하 첫날을 자축했다.

다음 날 아침, 사무실에 갔다. 여직원은 어제 일에 대해서 말하지 않았다. 어제는 너무하지 않았냐고 말하려다가 삼켰다. 실내가 덥다고 하고 선풍기를 부탁하니 가져다놓겠다고 했다.

프라하광장과 퍼포먼스

하늘은 높고 푸르며, 흰 구름은 두둥실 유영한다. 날씨는 덥다. 넓은 광장에는 관광지답게 많이 붐볐다. 여행자들은 얼굴을 보면 알 수 있다. 대부분 표정이 들떠 있고 피곤한 얼굴을 하고 걸음걸이가 바쁘다. 세계 각지에서 온 여러 피부 색깔과 다양한 얼굴들을 본다. 유전자의 힘이 놀랍다. 만약 남녀 성별 외에 제3의 성이 있다면 더 복잡할 것 같다.

프라하광장은 구시가지 중심에 넓게 자리하고 있다. 유럽은 도시든, 농촌이든 규모에 상관없이 크고 작은 광장이 있어 부럽다. 광장은 주민들의 생활과 밀접한 관련이 있다. 프라하의 정신적인 지주인 종교개혁가 얀 후스의 동상이 중앙에 있다. 역사가 오래된 만큼 건물마다 이야기를 품고 있을 것이다. 유서 깊은 아름다운 건축물들이 광장을 둘러싸고 있다. 잘 어울리는 풍경이다. 고딕, 르네상스, 바로크, 로코코 등 시대별로 건축양식의 변천사를 한눈에 볼 수 있다. 그 시대를 반영하는 건물이 광장을 둘러싸고 있어 건축사 박물관 같다. 건축도 시대와 유행에 따라 다른 것이 흥미롭다. 경계에 사는 예술가들은 어떻게 표현할까?

구시청사와 천문시계가 눈에 들어왔다. 안타깝게도 내부 수리 중이어서 안으로 들어갈 수 없다. 600년 동안 천문시계 바늘은 지금도 움직이고 있다. 매시 정각에 시계 안에서 인형들이 나와 도는 것이 신기했다. 눈꽃 같은 드레스를 입은 신부와 검정 양복을 입은 신랑이 성당 문에서 나왔다. 환하게 웃는 얼굴이 보기 좋다. 이 순간의 행복을 즐겨라.

거리공연을 하는 사람은 보이지 않고, 퍼포먼스 하는 사람들이 여럿 있다. 하긴, 소란한 곳에서 거리공연 하는 것보다 무음의 퍼포먼스가 더 잘 어울렸다. 공중에 떠 있는 사람이 신기했다. 곁에 가서 유심히 살펴

보았지만 연결된 무엇도 보이지 않았다. 체력이 대단하다는 생각이 들었다. 기계체조를 한 사람인가? 시선도 무심한 듯 허공에 떠 있다. 폼페이 박물관에서 화산 폭발 당시에 그대로 굳은 사람처럼 시간이 정지된 것 같다. 동작 그만, 얼음 땡이 놀랍다. 박스에 돈을 넣으면 윙크하거나 갑자기 동작을 바꾸기도 한다.

다른 곳에는 오토바이 위에서 헬멧을 쓰고 두꺼운 옷을 입고 공중에 떠 있다. 분장하고 몸에도 같은 색을 칠했다. 더워 보였다. 얼마 동안 오래 버티는지 지켜보고 싶다. 그러나 우리는 갈 길이 바빠서 다른 곳으로 가야 한다. 걸음은 앞으로 향하지만, 고개를 돌려 뒤를 돌아보게 된다. 평소보다 많은 일당을 벌기를 바랐다.

물이 뿜어져 나오는 분수는 몸과 마음을 시원하게 한다. 이곳은 약속 장소와 데이트 장소다. 여행자는 간단하게 먹으면서 한 끼를 때운다. 계단에 앉아 사람을 쳐다보면 시간 가는 줄 모른다. 모두가 개성과 사연이 있는 표정이다. 주말에는 싱싱한 과일을 비롯하여 먹거리를 파는 노천 시장이 열려 여행자를 즐겁게 한다. 오래된 중고 물품을 파는 벼룩시장에서는 사고 싶은 충동 욕구를 누르기가 힘들다. 가끔 고유의 전통적인 축제가 열리면, 구경하는 것만 해도 흥겹다.

중년 남자의 로망, 할리 데이비슨

유럽 대부분 나라는 유로화를 사용한다. 유럽이 통합되기 전에는 각 나라에 입국할 때마다 환전하고 잔돈을 처리해야 하는 번거로움이 있었다.

체코와 헝가리는 환전을 해야 한다. 환전소마다 수수료 차이가 있어서 이왕이면 조금이라도 저렴한 곳을 찾게 된다. 환전소를 보면 환율과 수수료가 어떻게 되는지 보게 된다. 관광객이 많이 붐비는 곳에는 환전소가 많다. 저렴하다고 생각해서 환전했는데 다른 환전소의 수수료가 더 저렴하면, 몇 푼으로 인해 배가 아프다.

관광객이 많이 찾는다는 시장에 갔다. 생각보다 규모가 작다. 물건도 다양하지 않고, 그렇다고 저렴하지도 않았다. 그냥 한 바퀴 둘러보았다. 점심을 먹으러 베트남 식당으로 들어갔다. '쌀국수', '분짜', '분보남보'를 먹었다. 맛있고 푸짐해서 우리는 행복했다. 중국 음식과는 또 다른 별미다. 한국에서 쌀국수를 먹을 때마다 왜 이렇게 맛이 없을까? 현지 맛이 나지 않는 이유가 뭘까 생각했다.

멋진 대형 모터바이크를 보면 내 가슴은 뛴다. 중년 남자의 로망은 할리 데이비슨을 타고 질주하는 것이다. 심장이 고동치듯 묵직한 소리를 내는 할리 데이비슨을 보면 타고 싶다. 그냥 목적지 없이 달리고 싶다. 대형 모터바이크를 즐겨 타는 지인이 타고 싶을 때 언제든지 말하면 빌려주겠다고 했다. 말만 들어도 고마웠다. 1995년 1월에 SBS에서 방영한 드라마 〈모래시계〉에서 가장 인상 깊었던 장면은 배우 최민수 씨가 포플러 가로수를 배경으로 오토바이를 타고 질주하는 것이었다.

세계여행하면서 자전거와 여러 종류의 모터바이크와 렌터카를 운전했다. 몇 나라에서는 운전자 위치가 달랐지만 무난하게 잘 타고 다녔다. 할리 데이비슨을 타고 가보지 못한 나라들을 달릴 날이 올까? 그날이 기다려진다.

사람들이 만지는 이유

'동유럽의 파리'라는 애칭으로 사랑받는 프라하에 가면 꼭 건너게 되는 카를교에 왔다. 블타바강 위에 세워진 유일한 보행자 전용 다리다. 길이는 516m, 폭은 9.4m인데, 다리 입구에서 보니 끝이 보이지 않을 정도로 사람으로 붐볐다. 카를교는 〈미션 임파서블 1〉에서 동료가 탄 자동차가 폭발하는 것을 보며 톰 크루즈가 울부짖던 곳이다. 동구권 배경이 나오는 영화에 프라하가 가끔 등장한다. 스크린으로 보면 반갑고 친숙한 도시다.

10세기경에 블타바강 위에 나무로 만들었다. 12세기에 대홍수로 다리가 쓸려나갔다. 1357년에 세종대왕과 비견할 만큼 존경하는 카를 4세가 다시 만들었다. 돌로 만든 다리로는 체코에서는 처음, 유럽에서는 두 번째다. 신성로마제국의 수도로서 전성기를 누릴 시대였으니 가능했다. 나라마다 사연이 있는 다리가 있다. 파리 퐁네프, 샌프란시스코 금문교, 칸차나부리 콰이강의 다리가 대표적으로 유명하다. 크고 작은 강을 건너는 것은 운치 있다.

프라하는 한 해 여행자만 500만 명 이상 방문하는 사랑 받는 도시다. 햇살이 뜨겁게 내리쬐는 오후임에도 카를교를 걷는 사람들은 축제에 참여하는 것처럼 많다. 여러 나라를 다녔지만, 캐리커처를 하지 못했다. 이번에는 하고 싶은 마음에 유심히 보았다. 아쉽게도 마음에 들게 그리는 화가가 없다. 다음 여행지를 기약했다. 프라하와 카를교를 상징하는 아기자기한 기념품을 파는 노점상들이 관광객을 유혹한다. 거리공연이 없으니 뭔가 허전하다. 같은 다리인데 예전과 다른 느낌이 들었다. 여름방학과 휴가철이라서 한국 사람들이 많이 보였다. 공통점을 발견했다.

　잔잔히 흐르는 블타바강과 강변의 고풍스럽게 멋진 건물들이 잘 어우러져 한 폭의 그림이다. 카를교는 성상들이 유명하다. 200년 동안 구시가지 쪽에 '17세기 예수 수난 십자가'밖에 없었다. 1683년 이후 30개의 성상으로 늘어났다. 좌우 난간에 서서 마주 보고 있다. 300년 넘게 보고 있으면 지겹겠다.

　다리 중간쯤 유독 사람이 많이 모여 있다. 성상 중 유일하게 청동으로 만든 성 요한 네포쿠크성상이다. 사람이 줄을 서서 차례를 기다린다. 성상의 발은 높아서 못 만지고, 밑에 있는 좌우 단 일부분이 반질반질 윤이 났다. 만지면 소원이 이루어진다고 한다. 이런 전설은 믿지 않는다. 지난 여행에서는 그런다고 소원이 이루어지겠느냐고 생각하며, 부질없다고 지나쳤다. 오늘은 성 요한 네포쿠크의 성상 밑에 있는 단을 만지고 사진도 찍었다. 왜 그랬을까? 내 마음이 변한 이유가 무엇일까?

인간의 존재를 생각한다-슈테파니크 천문대

전체적인 도시 분위기와 야경이 아름다운 프라하가 마음에 든다. 부다페스트와 더불어 몇 달 살아봤으면 좋겠다. 미세먼지, 황사와 꽃가루가 없어서 먼 곳까지 선명하게 보이는 맑은 공기가 부럽다. 시민들은 좋은 자연환경에서 사는 고마움을 알고 있을까?

요즘 TV에서는 여행 가거나, 먹거나, 여행 가서 먹는 방송을 많이 한다. 경제가 어렵다고 하는데 대리만족을 하라는 것인지? 보고 힘내라고 위로하는 것인지? 알 수 없다. 여하튼 여행 프로그램에서 가본 곳이 나오면 반갑다. 내가 놓친 곳이 있는지 유심히 본다. 최근 프라하가 많이 방영되고 있다. 관심을 두고 있는 지역이어서 눈에 잘 띄는 것일 수도 있다. 여행할 때마다 반복되는 현상이다.

동유럽 여행 중에 흑인은 만나지 못했다. 시내버스 앞 좌석에 흑인 가족으로 보이는 5명이 타고 있다. 피부색이 매끈하게 보기 좋은 검은색이다. 요즘은 피부색을 살색이라고 하면 안 된다. 인종차별이기 때문이다. 아이들이 흥겨워하며 재잘거리는 모습이 귀엽다. 7살쯤 되어 보이고 머리를 양 갈래로 땋은 여자아이가 계속 나를 보고 입을 가리고 수줍게 웃는다.

천문대 대부분은 도시 외곽의 높은 산 위에 있다. 별을 정확하게 관측하기 위해서는 천문대 주위에 불빛이 없어야 한다. 프라하 시내에서 멀지 않고 높지 않은 곳에 슈테파니크 천문대가 있다. 카를 4세가 14세기에 만들었다고 하니, 놀랍다. 당시에는 불빛이 많지 않아서 가능했을 것이다.

1976년에 재건축하여 3개 돔과 1개 전망대가 있다. 초대형 망원경으로 밤하늘을 보면 눈앞으로 쏟아질 듯이 많은 별에 "와!" 하고 감탄한다. 광대한 우주에는 엄청나게 많은 은하계가 존재한다. 지구는 티끌보다 더 작다. 눈에 보이지 않는 미생물보다도 더 작다. 그렇다면 지구에 사는 사람은 어떠한가? 우주의 역사와 행성 간의 거리를 생각하면서 유한한 인간의 존재와 짧은 수명을 생각한다.

정원에는 붉은 장미가 가득하다. 내가 좋아하는 장미향에 취한다. 요즘 장미향은 어렸을 때 비해 향이 아주 옅어진 것 같다. 커다란 나무 그늘에서 여유롭게 낮잠 자는 남자가 부럽다. 이곳에 누워 늘어지게 한숨 자고 가라고 유혹한다. 여행을 다니며 잠깐 자는 잠은 보약이며 달콤한 꿀맛이다. 그러나 나는 다른 곳으로 가야 한다.

내 영혼이 맑아지고 싶다-수도원

성당이나 수도원이 보이면 들어가 보고 싶다. 수도원에 도착하면 옷깃을 여미고 심호흡을 크게 내쉰다. 산속에 있는 절과는 다른 느낌이다. 고요한 공기와 적막한 분위기는 비슷하다. 무채색 수도복을 입은 수도사가 걸어올 것만 같다. 바깥은 햇살로 뜨거운 열기가 가득하지만, 실내는 서늘하다. 간간이 부는 바람과 새소리가 평화롭다. 이 시점에 〈그레고리안 성가〉를 깊은 울림이 있는 라틴어 아카펠라로 들으면 좋겠다.

수도원의 기초를 만든 사람은 베네딕트(480~543년, 이탈리아)다. 청빈, 정결, 복종의 3서원을 하고 계율을 지키게 했다. 하루 생활이 노동과 기도의 반복이다. 수도원 생활은 감옥에 있는 수형자와는 마음가짐이 다를 것 같다. 왜관에 있는 베네딕토 수도원과 구성당, 대구에 있는 성모당과 선교사 무덤에 가끔 간다. 조용한 그곳에 있으면 믿음에 대해서 생각하게 한다.

수도원마다 정해진 규칙이 있다. 나는 침묵 명상을 선호한다.

말은 많이 할수록 공허하고 쓸데없는 말을 하기 때문이다. 이곳에서 맑은 영성을 가진 수도사와 함께 있으면 내 영혼도 조금은 맑아질 수 있을까? 북미 인디언들은 "신과의 만남이 이렇듯 침묵 속에서 이루어지는 이유는 모든 언어가 어쩔 수 없이 불완전하고, 진리에 훨씬 못 미치기 때문이다."라고 한다. 인디언들의 사고방식을 좋아하고 존중한다. 내 인디언 이름은 '웅크린 바람의 왕'이다. 나를 제대로 표현한 것 같아 마음에 든다.

화려하고 아름다운 스테인드글라스

주황색 지붕들이 옹기종기 모여 있다. 프라하는 도시 자체만으로도 한 폭의 그림이다. 역사가 오래된 도심을 걸으면 그윽한 향기가 은은하게 난다. 고풍스러운 건물에서 친근감이 느껴진다. 이곳에 사는 사람들도 그렇게 느낄까? 프라하성으로 가는 길 양옆으로 포도밭이 펼쳐졌다. 아기 손톱처럼 작은 포도들이 송이송이 영글어가고 있다.

프라하궁은 세계에서 규모가 가장 큰 성이다. 기네스북에 올랐다. 언덕 위에 있어 시내 어디에서나 한눈에 보이며, 당당한 개선장군 같다. 길이 약 570m, 폭 130m다. 프라하의 심장이며 체코 대통령 관저를 비롯하여 건물 51개 동이 있다. 모스크바에 있는 크렘린이 떠올랐다. 성벽에서 시내를 보면 어느 곳으로 보아도 아름답지 않은 곳이 없다. 보색 관계가 조화롭고 잘 어울린다. 성안에 건물이 무너진 넓은 공간을 그대로 둔 곳이 있다. 무슨 사연일까?

성 비투스 대성당은 천년의 세월을 품고 있어 생각보다 웅장했다. 신고딕 양식으로 건축했다. 길이 124m, 폭 60m, 첨탑 높이 100m, 실내 천장 높이 33m이다.

카를 4세가 1344년에 착공하여 1929년에 완공했다. 오랜 세월 동안 꾸준히 건축한 것이 놀랍다. 르네상스식 첨탑과 러시아에서 많이 보았던 양파 모양의 바로크식 지붕이 묘한 조화를 이룬다. 하늘을 향하여 높이 솟아 있는 첨탑은 신에게 가까이 다가가고 싶은 인간의 소망이자 욕망을 표현한 것 같다. 현관 바로 위에 유명한 '장미의 창'이 시선을 사로잡았다. 천지창조를 나타냈다. 지름이 10.5m다.

대성당 내부는 조금 어둡고 석조로 건축되어 실내 공기가 서늘하다 못해 차갑게 느껴졌다. 햇살이 스테인드글라스로 투영되어 창가 쪽을 환하게 밝혔다. 내 마음은 따뜻해지고 평온함이 느껴졌다. 빛의 양과 각도에 따라 성화가 다르게 보인다. 신과 인간이 함께 만든 멋진 예술이다. 지금까지 다양한 문양의 아름다운 스테인드글라스를 많이 봤다. 비투스 대성당의 스테인드글라스의 화려함은 손에 꼽을 정도로 뛰어났다. 성당 내부가 넓어서 다른 곳보다 다채로운 색상이 많다.

스테인드글라스의 의미는 평안함과 쉼과 아늑함이다. 만약 스테인드글라스가 없다면 성당 내부는 지금과는 분위기가 확연하게 다를 것이다. 창문마다 다른 색의 조각들을 붙여서 만든 것도 있고 바로 칠한 것도 있어 느낌이 달랐다. 성경 내용이 담긴 스테인드글라스는 관심을 가지고 유심히 본다. 천장 벽화를 고개를 젖혀서 본다. 저 높은 곳에서 어떻게 작업했을까? 지금처럼 안전장치도 없어 위험했을 것이다. 가장 유

명한 것은 알폰스 무하(Alphonse Mucha)가 유리에 직접 그리고 가마에 여러 번 구워서 만든 아르누보 양식의 작품이다. 전체적인 인테리어와 장식된 많은 조각품이 한눈에 보아도 예사롭지 않은 작품이다.

이렇게 크고 화려한 성당이 꼭 필요할까? 캐나다 여행을 하면서 세상에서 가장 작은 교회에 들어갔었다. 교회 안은 나무로 만든 강대상과 작은 의자 6개뿐이었다. 그때 기도하며 느꼈던 평온함은 웅장하고 화려한 성당에서 느낀 것과는 달랐다. 북미 인디언들은 신에게 예배드리는 장소와 의식을 주관하는 성직자와 매주 정해서 예배드리는 특정일이 없다. 언제 어디서든지 자신이 믿는 신을 만나고 이야기하기 때문이다. 굳이 신을 만나기 위해 일주일 중 하루를 정할 필요가 없다고 생각한다. 모든 날이 신의 선물이다. 신은 항상 우리와 함께하기 때문이다.

왕관과 마룻바닥

프라하 성안에서 볼거리는 성 비투스 대성당, 구왕궁, 성 이르지 성당, 황금 소로다. 4곳을 관람하려면 B 통합권을 구매해야 한다. 신왕궁은 대통령의 집무실과 영빈관이 있어 일반인의 출입을 통제하고 있다. 구왕궁은 일부만 공개한다. 블라디슬라프 홀은 14세기에 블라디슬라프 2세가 만들었다. 유럽에서 교회를 제외하고 기둥 없는 건물로는 제일 넓다. 규모는 62×16×13m다. 중세시대에 이곳에서 마상 경기가 열렸다. 사실을 증명이라도 하듯 여러 말이 있는 그림이 있다. 왕실의 큰 행사, 예를 들면 대관식이나 연회 혹은 기사 수여식을 할 때 사용했다. 지금도 국가적인 큰 행사를 이곳에서 한다.

차가운 대리석 바닥을 보다가 넓은 마룻바닥을 보니 좋다. 마루에서 부드러운 질감이 느껴진다. 미끄럼 놀이를 하면 재밌겠다. 몇 개의 방에는 초록 타일로 만든 보일러가 있다. 추운 겨울에 천장이 높고 실내가 넓은 왕궁에 난방을 했다. 의회의 방 옆에 성 바슬라프의 유물 전시실이 있다. 순금 21.22캐럿 위에 천연보석 96개가 반짝이는 왕관이 있다. 지구에서 가장 큰 사파이어 6개가 박혀 신비로운 빛을 낸다. 사극에 나오는 가채보다 무거워 보인다. 순금을 얇게 펴서 비치와 옥으로 장식한 우리나라 금관이 생각났다. 권력과 돈이 있는 사람은 자기 몸치장하는 것을 좋아한다. 서재가 멋지다. 책꽂이에 꽂혀 있는 책들이 서재와 어울리며 고풍스럽다. 어떤 내용을 담고 있는지 궁금하다.

고문 기구는 끔찍했다

구시가지는 광장을 중심으로 작은 골목들이 사방팔방으로 이어져 있다. 황금 소로는 작은 마을로 들어가는 길 같다. 좁은 골목이지만 알찬 느낌이 든다. '황금 소로'라고 불리게 된 이유는, 16세기 후반부터 루돌프 2세가 고용한 연금술사와 금은 세공사들이 살기 시작했기 때문이다. 관광지답게 기념품 가게들이 대부분이다.

오랜 역사가 느껴지는 15여 채의 집들 가운데 유심히 봐야 할 집이 있다. 체코를 대표하는 작가 프란츠 카프카의 집필 공간이다. 대표작인 『변신』을 이곳에서 집필했을까? 기념할 만한 가치 있는 집이 안타깝게도 관광 상품을 파는 가게가 되었다. 카프카의 손때 묻은 것과 작가와 관련된 물품들을 모아 문학 기념관으로 만들어 활용하면 좋을 텐데 하는 아쉬움이 들었다.

사람들이 많이 들어가는 건물 안으로 들어갔다. 좁은 나무 계단으로 올라가니 긴 복도가 나타났다. 중세시대에 기사들이 사용했던 전쟁 도구, 이를테면 투구, 갑옷을 비롯하여 여러 종류의 무기가 전시되어 있다. 쇠로 만든 투구를 쓰고 갑옷을 입고 창과 검과 방패까지 착용하면 무겁겠다. 웬만한 체력이 아니고서는 움직이기도 힘들었겠다. 재래식 무기로 하는 전쟁에서는 힘이 없으면 내놓은 목숨이다. 철갑으로 중무장한 기마병은 지금의 탱크와 같은 막강한 파괴력을 가졌다.

고문하는 기구가 전시된 방으로 들어갔다. 고문 기구들을 보니 끔찍했다. 처음 보는 고문 기구가 많다. 어떻게 하면 사람들에 많은 고통을 줄까 하는 생각으로 개발한 것 같다. 특히 뾰족한 못이 가득 꽂혀 있는 의자는 보기만 해도 고통스러웠다. 이곳에서 숯불에 달군 인두에 살이 타고, 인정사정없는 구타로 뼈가 부서지며 피가 튀었을 것이다. 고문당하는 사람들이 얼마만큼 고통스러웠을지 짐작된다. 잔인한 고문으로 처절한 비명이 들리는 것 같았다. 고문당한 사람들의 증언에 따르면, 고문하는 사람은 평범한 가정의 가장이고 아들이었다고 한다. 무엇이 이토록 잔인한 사람으로 변하게 했을까? 존중받아야 할 인간성을 상실하게 하는 고문은 큰 범죄이며 마땅히 없어져야 한다.

비틀즈 벽화를 보면서 평화를 생각했다

"Yesterday all my troubles seemed so far away.

Now it looks as though they're here to stay.

Oh, I believe in yesterday.

Suddenly,

I'm not half the man I used to be.

There's a shadow hanging over me.

Oh, yesterday came suddenly."

- The Beatles, 〈Yesterday〉

비틀즈는 1960년 영국의 리버풀에서 결성된 록 밴드다. 히피처럼 장발한 존 레넌, 폴 매카트니, 조지 해리슨, 링고가 멤버다. 1962년 데뷔 싱글 〈Love Me Do〉로 시작하여 1970년 마지막 앨범 〈Let It Be〉를 남기고 해산했다. 비틀즈만의 철학과 선율이 담긴 음악은 전 세계 많은 사람에게 사랑을 받고 있다. 앨범 판매 순위는 항상 1위다. 학창 시절에 감성적인 음률과 가사가 좋아 카세트테이프를 많이 들었다.

카를 교에서 가깝다. 런던이 아닌 프라하에서 비틀즈를 만났다. 생각보다 짧은 담벼락이다. 약 50m 되려나? 비틀즈 벽화 또는 존 레넌 벽화라고 한다. 많은 사람들이 사진 찍는다고 북적였다. 담벼락에 비틀즈에 관련된 다양한 그림과 낙서가 가득하다. 알록달록한 색감으로, 사진을 찍으면 잘 나왔다. 매일 덧칠하므로 벽에 기대면 안 될 것 같다.

〈Yesterday〉를 열창하는 아저씨가 있어서 비틀즈 벽화 분위기가 났다. 프라하와는 무슨 사연이 있어서 유명하게 되었을까? 1980년대 구스타프 후사크 공산 정권을 반대하는 저항의 표현으로 벽에 낙서한 것이 시초다. 지금은 체코의 평화와 자유를 상징하는 곳이 되었다. 평화와 인권 운동을 할 때, 또는 그와 관련된 영화를 보면 어김없이 존 레넌이 부르는 〈Imagine〉이 흘러나온다.

> "Imagine there's no heaven.
>
> It's easy if you try.
>
> No hell below us.
>
> Above us only sky.
>
> Imagine all the people.
>
> Living for today."

- The Beatles, 〈Imagine〉

화려한 불꽃놀이

까만 밤하늘에 화려한 꽃이 피었다. 수십 송이의 크고 작은 불꽃이 피었다가 순식간에 어둠 속으로 사라진다.

평!

와!

샤르르…

불꽃을 보는 남녀노소의 입에서 탄성이 저절로 나온다. 보는 대로 표현하는 동심으로 돌아간 것 같다. 프라하성의 아름다운 야경을 보면서 걷고 있었다. 부다페스트 야경보다는 규모가 작지만 나름대로 운치가 있다. 오른쪽 하늘에서 평, 하는 소리와 함께 불꽃이 하늘에서 쏟아졌다. 석조로 만든 시계탑 뒤로 화려하게 수를 놓았다. 다리 위에서 불

꽃을 보는 여행자의 마음이 설렌다. 멋지다. 아름다웠다. 불꽃도 이름이 있을 것 같다. 저 불꽃은 이름이 뭘까? 잠시 피어났다 사라지는 불꽃을 보며 내 마음대로 이름을 붙여보았다. 우주선 불꽃, 버드나무 불꽃, 드레스 불꽃, 찐빵 불꽃…. 색깔별로 더 근사한 이름을 짓고 싶다. 화려하고 아름다운 불꽃은 짧다. 다시 까만 밤하늘이 되었다. 축제는 끝났다.

블타바강에서 불어오는 강바람이 시원하다. 프라하 마지막 밤의 선물을 받았다. 지금 이 순간 혼자가 아니고, 곁에 사랑하는 가족이 있어서 더 좋다.

불꽃놀이의 첫 기억은 5살 무렵이다. 한여름 밤에 가족 모두 둥근 상에 둘러앉아 저녁밥을 먹고 있었다.

펑, 펑, 펑…!

밥을 먹다가 모두 바깥으로 나갔다. 영남대학교 뒤편으로 불꽃이 터졌다. 어린 마음에 신기하고 놀라웠다. 아버지의 반팔 흰 런닝이 기억난다.

동화 마을-체스키크룸로프

여행은 떠남이며 만남이다. 이곳이 마음에 들더라도, 새로운 곳으로 가기 위해서는 이동해야 한다. 새로운 곳으로 간다는 설렘과 즐거움이 있지만 번거롭다. 자유여행자는 버스 터미널이나 기차역에서 숙소를 찾아가는 것이 수월하지 않다. 예약한 숙소에 도착해도 여러 변수가 생겨서 무난하게 체크인한 경우는 손에 꼽을 정도다.

체스키크룸로프는 체코에서 가장 아름다운 작은 마을이다. 펜션을 예약했는데 지역이 좁아서인지 버스 터미널이 없다. 대중교통이 불편하다. 호스트에게 버스가 도착하는 곳에 픽업을 부탁했더니 G메일로 "OK!"라고 답장이 왔다.

프라하에서 출발한 버스는 3시간을 달려 체스키크룸로프 변두리 도롯가에 멈추었다. 10여 분 후 승용차 한 대가 도착했다. 키 큰 할머니가 내렸다. 느낌에 우리를 마중 나온 분 같았다. 반갑게 인사를 나누고 펜션에 편하게 도착했다. 펜션 이름은 할머니 이름이다. 체크인하고 마트 위치를 설명했다. 꼭 봐야 할 곳과 오가는 길을 친절하게 알려주었다. 전망 좋은 2층 방은 정갈하게 정돈되어 있고, 침대 3개와 소파와 테이블과 화장실과 샤워실이 있다. 창밖을 보니 멋진 집들 사이에 잘 가꾼 정원과 작은 풀장이 보였다. 주인의 정성이 느껴졌다.

"아, 며칠 쉬었다가 가면 딱 좋겠다."

할머니는 이 방이 3명이 사용하기에 작다고 효은이에게 다른 방을 주셨다. "Free!"라고 유쾌하게 웃으면서 말했다. 늦은 점심을 먹기 위해 라면을 끓이는데, 음식은 예쁜 그릇에 먹어야 더 맛있다며 무늬가 고운 사기그릇을 주셨다. 할머니는 쾌활하고 여성스러웠다. 감사한 마음을 담아 우리나라 전통 기념품과 마스크팩을 드렸다. 그러자 "땡큐, 땡큐!"를 연발하며 너무 좋아하신다. 그러고는 기념품을 벽에 바로 걸었다.

하늘은 파랗고, 공기는 깨끗하고, 바람은 살랑살랑 코끝을 스치고 지나갔다. 나무로 만든 테라스가 있는 이층집들이 깔끔하고 예쁘다. 정원에는 꽃들이 활짝 웃고 있고, 잔디는 잘 정돈되었다. 정원 끝에는 정원수가 있다. 사과, 배, 복숭아가 크기는 작지만, 주렁주렁 달렸다. 적당한 넓이의 잔잔한 호수에서는 오리 떼가 한가로이 유영을 즐기고 있었다. 이런 마을에서 살면 좋겠다. 여행은 장소만 바꾸는 것이 아니라 고정관념과 편견을 바꾸게 한다.

탑 위에서 본 아름다운 풍광

늘 보는 것이라도 눈높이가 다르면 보이는 것이 다르다. 보이는 것이 달라지면 기존의 생각에도 변화가 생긴다.

체스키크룸로프는 체코 남부 보헤미아 지방에 있다. 보헤미안은 집시와 같은 말로, 떠도는 사람이라는 뜻이다. 19세기 후반에 사회의 관습에 얽매이기 싫어서 자유분방한 생활을 하던 예술가를 가리키는 말이다. 히피처럼 자연에서 자유롭게 생활한다.

마을을 걷다 보니 시간이 중세시대에서 멈춘 것 같다. 마을 어느 곳에서나 보이는 체스키크룸로프 탑으로 갔다. 좁고 굴곡이 심하고 천장이 낮은 162계단을 천천히 걸어서 전망대에 도착했다. 갑자기 밝아지며 시야가 확 트였다.

"와! 멋지다."

감탄사가 저절로 나왔다. 왜 보헤미아의 숨은 보석이라고 하는지 알 수 있었다. 인구는 1만 3,000여 명밖에 안 되지만, 한 해 관광객이 100만 명씩 찾아오는 이유가 있었다. 360도 한 바퀴, 두 바퀴, 세 바퀴를 돌게 된다. 색다른 풍경들이 감동으로 다가온다. 동서남북 어디를 찍어도 화보다. 탑 위는 공간이 좁은데 사람들로 가득하다. 인물 사진을 찍으려니 너무 가까워 얼굴이 크게 보였다. 마음에 드는 멋진 인생 샷을 찍으려면 광각 렌즈를 가져왔어야 했다.

맑은 날씨는 여행하는 데 더할 나위 없는 좋은 동반자가 된다. 오늘도 날씨가 아름답다. 블타바강이 S자형으로 마을을 휘감아 유유히 흐른다. 강 곳곳에서 래프팅하는 사람들의 즐거운 함성이 들리는 것 같다. 이 마을은 8세기에서 12세기에 형성되었다. 조선 시대 세종대왕에서 정

조 시대다. 그 당시에 조성된 마을은 지금 남아 있지 않다. 지금까지 훌륭하게 잘 보존되었다는 사실이 신기하고 부러울 따름이다. 1994년 유네스코 세계문화유산으로 지정되었다.

중세시대에서 시간이 멈춘 마을

체코에서 프라하성 다음으로 규모가 크다는 체스키크룸로프성을 천천히 둘러보았다. 13세기 보헤미아 귀족 가문이 이곳에서 터를 잡았다.

"권불십년 화무십일홍." 세월의 흐름에 따라 성의 주인도 많이 바뀌었다. 지금 주인은 누구일까? 건물 외벽의 이끼가 세월의 연륜을 말하고 있다. 건물은 고딕, 바로크, 르네상스 양식으로 혼합되어 독특하다. 우리나라 건물은 어떤 양식으로 지었었지?

성이 구시가지보다 높은 곳에 있다. 성에서 내려다보이는 구시가지의 풍광은 또 다른 감동으로 다가온다. 물길 따라 크고 작은 집들이 옹기종기 모여 있어 정겹다. 빛바랜 주황색 지붕이 나무와 강과 산과 잘 어울린다. 좁은 골목에서는 아이들의 웃음소리와 강가 빨래터에서는 아낙네들의 재잘거리는 수다가 들리는 것 같다. 고풍스러운 성을 나와 길을 따라 걸었다. 숲속에 난 좁은 흙길을 걷는 이 순간이 좋다. 누군가의 정성스러운 손질이 느껴지는 정돈된 넓은 정원에 도착했다.

'체스키크룸로프 성주의 정원이구나.'

크고 작은 나무들은 이발한 것처럼 깔끔하다. 생명의 성장을 인위적으로 억제하는 분재와 조경을 좋아하지 않는다. 여러 종류의 꽃들이 알록달록한 옷을 뽐내고 있다. 스치는 손길에 향기로운 꽃향기가 답한다.

한국에서는 들어보지 못한 음색의 새소리가 들린다. 어떤 새인지 큰 나무를 올려다보았지만, 소리만 들릴 뿐이다. 분수에서 뿜어내며 방울방울 떨어지는 물줄기는 보는 것만으로도 시원하다.

이곳은 '왕의 정원' 혹은 '영주의 정원'이다. 17세기에 조성되었다. 여러 모양의 형상을 한 조각들은 바로크 양식이다. 시대별로 예술작품의 표현 방법이 다른 것이 흥미롭다. 베르사유궁전과 쉰브룬궁전의 넓은 정원과 비교하면 규모와 화려함에는 못 미친다. 그렇지만 유럽에서는 넓은 정원이다. 왕족과 성주 가족들의 쉼터다. 과거에는 초대받은 손님만 출입할 수 있었다. 같은 하늘 아래에 살고 있지만, 또 다른 세상에 사는 것은 과거나 현재나 변함없어 씁쓸하다.

대를 이은 귀족 신분으로 경제적인 궁핍함을 모르고 살았을 것이다. 불합리하고 불공평하다. 정의가 살아있고 공정하고 평등한 사회, 사회적인 계급과 경제적인 계층의 차이가 없는 세상에 살고 싶다. 현대 민주주의 국가에서도 별로 나아지지 않았다. 이런저런 생각에 머리가 복잡할 때는 차라리 모든 것을 내려놓고 쉬는 것이 속 편하다. 나무 끝이 보이지 않는 큰 나무 아래 나무 벤치에서 과일과 간식을 먹었다. 신발 벗고, 양말 벗고 최대한 편하게 누워 하늘을 보며 스트레칭을 했다. 시원하고 좋다. 말러의 교향곡 5번 4악장을 눈을 감고 들었다. 나는 숲속에 누워 이 시간을 즐기고 있다.

정원사와 청소하는 사람들은 반복되는 일이 힘들었겠지만, 한편으로는 매일 이곳에 있었으니 좋았겠다는 생각이 들었다. 19세기에 '성주의 정원'은 영국식으로 재구성되었다고 한다. 무슨 사연이 있었던 것일까?

망토 다리를 배경으로 아이들을 찍는 아빠

'망토 다리'라는 이름은 누가 지었을까? 다리 이름치고는 재밌는 이름이다. 자세히 보니 망토를 닮은 것 같기도 하다. 체코 사람들은 '플라스토비다리'라고 부른다. '플라스토비'가 체코어로 망토를 뜻한다. 텔레토비가 생각났다. 막힌 장소를 감싸 안는 것이라고 한다. 체스키크룸로프 서쪽 성을 보호하기 위해 견고하게 만들었다. 아치 모양이며, 석조 기둥이 버티고 있는 4층이다. 위에 2층이 더 얹혀 있는데, 어딘가로 통하는 것 같다.

다리를 배경으로 아이들 사진 찍기에 여념이 없는 부부가 보였다. 나도 저럴 때가 있었다. 아이들이 크는 것은 한순간이다. 어린이집, 유치원, 학교에서 하는 모든 행사에 참석하여 캠코더와 카메라로 열심히 찍었다. 돌이켜보면 그때 그렇게 하길 잘했다고 생각한다. 아이들이 다 크고 나니 홀가분하면서도 그때가 가끔 생각난다.

구시가지 가운데 스보르노스티광장이 있다. '스보르노스티'는 '화합'이라는 뜻이다. 의미가 있을 것이다. 광장을 둘러싸고 있는 건물들이 멋지다. 르네상스 이후 바로크와 로코코 시대에 건축했다. 파스텔색의 벽이 어울린다. 가게는 인테리어가 예술적이며, 파는 물품들도 아기자기하고 예쁘다.

역사가 오래된 도시와 마을 중심에는 어김없이 광장이 있다. 중앙에는 마리아상의 기념탑이 있다. 중세시대에 많은 사람의 목숨을 가져간 페스트(흑사병)에서 살아남은 것을 기념하기 위해서 만들었다. 열기구 하나가 하늘에서 두둥실 떠다닌다. 하늘에서 보면 어떤 풍광일까? 보지 않아도 상상이 된다. 드론이 있으면 좋겠다.

히잡을 한 여인들이 벤치에 앉아 스마트폰을 보거나 잡담을 하고 있다. 이색적인 풍광이다.

어둠은 상상력을 불러일으킨다

밤은 낮 동안 지친 몸과 영혼을 어루만지며 위로한다. 다람쥐 쳇바퀴 도는 것처럼 반복되는 일상생활에 피곤하여 힘이 없을 때 밤을 기다린 다. 밤이 없다면 생명체는 온전하게 살 수 없을 것이다. 조용하고 적막 한 밤을 좋아한다. 여행은 여유 있게 다녀야 하는데, 도시마다 머무는 시간이 짧아 아쉽다.

풍광이 아름다운 곳은 야경도 멋지므로 밤에는 어떤 모습일지 궁금 해서 다시 가본다. 성 뒤편으로 어둠이 서서히 내린다. 마을은 집집마 다 창문으로 작은 불이 하나둘 켜지며 반짝인다. 체스키크룸로프성 전 체를 환하게 비추는 조명이 켜졌다. 불빛을 받아 곱게 화장한 여인처럼 낮과는 다른 분위기를 내며 아름다워졌다. 동화책 속에 나오는 주인공 이 살고 있을 것 같다.

2차원의 동화책에서 4차원의 마을 속으로 쓱 들어간 것 같다. 건물 안에서 전통 복장을 한 주민이 나올 것 같다. 타임머신을 타고 중세시대 로 시간여행을 하면 이런 느낌일 것이다. 이곳에 사는 사람들은 바쁘게 사는 현대인들과 달리 여유롭게 사는 것 같다. 삶의 행복지수도 높을 것이다.

르네상스 시대에서 약 300년 동안 멈춰버린 듯한 체스키크룸로프. 흐 르는 물처럼 빨리 가는 시간이 아쉽다. 잠시 멈추거나 천천히 가면 좋겠 다. 자유로운 영혼들이 사는 동화 같은 마을을 눈과 마음에 담는다. 밤이 깊어간다. 이제 집으로 돌아갈 시간이다. 인적 없는 어두운 골목길을 우리는 손잡고 걷는다.

상쾌하고 평화로운 아침 산책

일찍 일어나 아내와 호젓한 마을 산책을 했다. 싱그러운 아침 공기가 우리를 감싼다. 따뜻한 햇살이 잠자는 골목길을 깨우고 있다. 2층 테라스에 있는 화단과 정원에는 이름 모를 꽃들이 활짝 피어 미소 짓고 있다. 그윽한 꽃향기는 담장을 넘어 우리의 걸음과 함께한다. 신선하고 맑은 공기로 정신이 맑아진다.

중년 아저씨가 거울 같은 호수에서 작은 물결을 일으키며 수영하고 있다. 아주머니는 개와 함께 호수 주위를 걷고 있다. 사과와 복숭아는 주렁주렁 매달려 빨갛게 익어가고 있다. 평화로운 마을이다. 무궁화를 만났다. 여행하면서 가끔 무궁화를 보면 반갑다. 대한민국 국화라고 이야기하면 깜짝 놀란다. 이곳에서는 어떻게 부르는지 궁금하다. 물어보면 대부분 모른다고 했다.

식탁 위에 아메리칸 스타일의 아침 식사가 가득 차려져 있다. 호스텔과 호텔에서 제공되는 아침 식사를 편하게 먹는다. 깨끗하게 접시를 비우고 든든하게 배를 채웠다. 요리하는 사람에게 최고의 칭찬은 맛있게 먹고 빈 접시를 내는 것이라고 한다. 오래된 작은 기차역이 정겹다. 래프팅을 한 사람들은 비키니를 입은 채로 기차를 기다리고 있다. 이것이 자유로움인가? 의외로 최신식 기차가 도착했다. 두 량의 세련된 기차 안에서 래프팅과 트래킹을 하는 젊은이들의 밝은 웃음소리가 가득하다.

7. 오스트리아

호스텔 가기가 이렇게 힘들어서야

잘츠부르크는 볼프강 아마데우스 모차르트의 생가가 있어 유명하다. 추억이 있는 곳이라 반가웠다. 호스텔은 기차역에서 850m 떨어져 있다. 이 정도 거리는 시내 구경하면서 걸어도 충분하다. 구글 맵을 켜고 걸었다. 여행하기 편한 세상이다. 아날로그 세대인 나는 종이지도를 보며 모르는 것은 사람에게 묻는다. 현지인과 이야기하고 친절을 경험하기 때문에 좋다.

디지털 세대인 효은이가 구글 맵으로 길 찾기를 잘해서 한결 편해졌다. 10여 분 후 커다란 돌산이 우리 앞을 가로막았다. 다행히 굴 안으로 터널이 여러 개 있다. 차와 사람들이 오고 간다. 햇볕이 뜨거웠는데 굴 안은 시원해서 좋다. 좋은 것은 잠시뿐, 구글 맵이 웬일인지 제대로 작동하지 않는다.

"우째 이런 일이…"

돌산 안은 생각보다 깊고 여러 갈래의 길로 나뉘어 있다. 당황스러웠다. 지나가는 사람들에게 호스텔 주소를 보여주니 여행자이거나 현지인도 모른다고 한다. 왔던 길로 되돌아가기도 하며 헤매다가 들어올 때와 다른 곳으로 나왔다.

길 건너편에 있는 식당 안으로 들어가서 사장에게 물었다. 그녀는 아이패드로 주소를 검색하더니, 호스텔이 여기서 3~4㎞라며 보여준다. 아닌 것 같다. 일단 고맙다고 인사하고 나왔다. 감으로도 그렇게 멀지 않은 곳에 호스텔이 있을 것 같다. 다시 구글 맵을 작동시키고 사람들에게 물어서 호스텔 방향을 다시 잡았다. 저 언덕을 넘으면 될 것 같다. 택시를 타려고 해도 한 대도 보이지 않는다.

"이왕 이렇게 된 것, 어디 끝까지 걸어가 보자."

걸으면서 이상하다는 생각이 들었다. 호스텔 가는 길이 이렇게 힘들지 않을 텐데… 다른 여행자들은 어떻게 찾아갔을까? 호스텔 홈페이지에 있는 후기를 보았는데 힘들게 갔다는 글은 보지 못했다. 뭔가 이상하지만 걸어야만 앞으로 갈 수 있다. 비지땀을 흘리며 서로를 격려하며 걸었다. 아내가 한마디 했다.

"다음부터는 택시 타고 갑시다."

배낭 메고 캐리어를 끌고 작은 언덕을 넘었다.

"숙소 찾아가기가 이렇게 어려워서야…."

아내와 효은이에게 미안한 마음이 들었다.

"이렇게 힘들 줄 알았으면 택시 탈 것을 그랬나?"

효은이가 이번 여행에서 제대로 한몫을 해서 기특하다. 시베리아 횡단 기차 여행, 몽골, 미국, 캐나다 여행을 하면서 경험이 쌓였으리라. 앞장서서 길을 인도했다.

힘들지만 이야깃거리가 생겨서 블로그에 포스팅할 수 있겠다는 생각이 들었다.

규모가 큰 호스텔은 숲속에 있었다. 주차장에 차가 많다. 수련원 분위기다. 체크인하면서 직원에게 기차역에서 찾아오느라 고생했다고 말했다. 직원은 이곳에서 10분 거리에 버스 정류장이 있다고 말했다. 버스는 생각하지 못했다.

2박 3일 예약했지만 인스부르크와 할슈타트를 다녀오기 위해 하루 더 연장했다. 호스텔에서 바로 예약하면 부킹 닷컴에 커미션을 주지 않기 때문에 저렴할 줄 알았다. 룸으로 돌아와서 검색하니 오히려 더 비쌌다. 프런트에 가서 예약 취소하고 부킹 닷컴에서 다시 예약하면 되느냐고 하니, 그렇게 할 수 없단다. 항공료처럼 숙박 요금도 어느 경로를 통해서 예약하는가에 따라 가격이 달랐다. 가격의 미스터리 현장을 체험했다. 다음부터는 호스텔에서 직접 하지 않고 사이트로 예약을 해야겠다.

알프스 대자연에 빠지다

인스부르크는 오스트리아 서부 티롤주의 주도로서 해발 574m에 형성되었다. 시내 중심에 흐르는 인(Inn)강과 다리(Brucke)의 합성어다. 유럽인들의 자랑인 알프스산맥 자락에 있는 도시 가운데 가장 크다. 잘츠부르크에서 남서쪽으로 140㎞에 있다. 유레일패스를 사용하여 기차로 2시간 걸려 도착했다.

동계올림픽 대회가 1964년과 1976년에 개최되었다. 1992년에 자전거 타고 시내 곳곳과 동계올림픽 경기장을 둘러보았다. 그 당시 우리나라는 동계올림픽 개최는 생각하지도 못할 남의 나라 이야기였다. 2018년 23회 평창 동계올림픽을 개최했을 때 남다른 감회가 있었다.

이곳은 영화 〈설국열차(2013년)〉의 주요 촬영지다. 겨울 풍광이 멋있을 것 같다. 여름에는 피서와 하이킹하러 많이 온다. 무주 리조트가 이곳을 모델로 삼아 만들었을 만큼 근사하다.

기차역 안에 여행안내 센터가 있다. 로빈 윌리엄스를 닮은 할아버지가 '인스부르크 카드'는 교통과 박물관을 비롯하여 유명 관광지를 24시간 동안 무제한으로 이용할 수 있는 여행자를 위한 유용한 카드라고 설명하셨다. 아쉽게도 우리가 머물 수 있는 시간은 한나절밖에 되지 않는다. 그렇지만 노르테케 전망대(입장료 37유로)와 스와로브스키 월드(셔틀버스 9.5유로 및 입장료 19유로) 두 곳만 가더라도 43유로 카드를 구입하는 것이 훨씬 이득이다. 잘츠부르크로 돌아올 때 한국 사람을 만나 카드를 주면 좋겠다는 기대를 했다.

옆에 대형 슈퍼마켓이 보였다. 이곳에 사는 사람들은 무엇을 먹고사나. 어디 보자. 우리나라 마켓과 비교하며 구경하는 재미가 있다. 노르테케 전망대에서 점심으로 먹을 싱싱한 과일과 맛있는 빵과 우유와 주스를 구입했다. 화창한 오후에 가족과 피크닉 가는 것 같다.

푸니쿨라(산악 열차) 정류장의 지붕이 예술적이었다. 수려하게 굴곡지고 기하학적인 곡선미가 시선을 사로잡았다. 영화에서 본 외계인의 우주선을 닮았다. DDP(동대문 디자인 플라자)와 비슷하게 생겨서 검색해보니 같은 건축가 작품이다.

"와! 같은 작가가 만들었다니, 신기하다."

알프스 경치를 감상하며 푸니쿨라에서 내리니 해발 1,905m다. 케이블카를 두 번 갈아타면서 아래를 보니 트래킹하는 사람들이 보였다. 시간이 얼마 걸릴까?

"와! 멋지다."

감탄사가 저절로 나왔다. 이곳은 알프스 아닌가? 공기가 더 달콤하고 시원한 것 같다. 미세먼지와 황사가 '1'도 없어 좋으면서 부러웠다. 독일스러운 이름의 하펠레카르슈피츠에 도착했다.

해발 2,300m 알프스 봉우리들이 파노라마처럼 펼쳐졌다. 눈이 부시도록 파란 하늘과 흰 구름이 사이좋게 두둥실 떠다닌다. 날씨가 좋아서 오늘 여행은 최고 점수를 주었다. 손을 뻗으면 닿을 정도로 가까운 곳에 알프스가 있다. 눈이 호강한다. 대자연은 언제 보아도 놀랍고 위대하다. 카메라 뷰파인더를 어디에 두고 셔터를 눌러도 화보가 되었다. 스위

스에서 본 알프스 풍경과는 또 다른 절경이다. 설산처럼 높게 있는 바위들이 하얗다. 곳곳에 잔설이 남아 있다. 겨울이면 이곳은 레포츠를 즐기는 사람들로 가득할 것이다. 아내는 이곳이 마음에 든다며 사진을 많이 찍으면서 좋아했다. 머문 2시간이 짧게 느껴졌다.

공기 맑은 곳에 사는 까마귀들은 사람이 익숙한 듯 가까이 다가왔다. 산 아래 시내는 건물들이 가득해서 복잡하고 답답해보였다. 새삼 산다는 것에 관해 생각하게 된다.

스와로브스키 크리스털 월드에 매료되다

스와로브스키는 명품 크리스털 제품을 제조하는 세계적으로 유명한 업체다. 본사가 오스트리아에 있다. 이곳에 오기 전까지 스와로브스키를 몰랐다. 아내는 몇 년 동안 비즈 공예를 재밌어하며 열심히 했다. 당연하다는 듯 이곳에 가자고 했다.

스와로브스키 크리스털 월드 박물관은 100주년을 기념해서 1995년 바텐스에 개관했다. 바텐스로 가기 위해 인스부르크에서 셔틀버스로 20여 분 걸리는 외곽지에 도착했다. 파란 하늘 아래 푸른 알프스가 병풍처럼 안온하게 둘러싸고 있다. 일반적인 기념관이나 박물관처럼 콘크리트 건물이 없다. 박물관으로 들어가는 입구가 특이하다. 거대한 공룡 입이 입구다. 〈킹콩〉 영화 속으로 들어가는 것 같다.

실내 규모가 생각보다 넓다. 모든 인테리어를 회사 제품인 크리스털로 장식한 것으로 유명하다. 보석은 자연이 만든 희귀한 돌이며, 크리스털은 보석처럼 유리를 정교하게 만들었다.

여러 개의 크고 작은 방마다 크리스털로 만든 작품들이 전시되어 있다. 진열된 작품 외에 여러 모양의 크리스털이 천장에도 달려 있고, 움직이는 작품들로 다양했다. 어떤 작품은 미디어 아트와 결합한 난해한 현대 예술을 보는 것 같다. 공통점은 불빛으로 여러 색으로 크리스털이 반짝반짝 빛난다는 것이다. 사진보다 실제 보는 것이 더 화려하고 눈부시게 아름다웠다. 전문가가 손으로 하나하나 작업했다. 역시 사람의 손 기술은 정교하고 놀랍다. 크리스털과 보석에 관심이 없지만, 이왕 왔으니 열심히 보았다.

생각지 못했던 아이디어가 돋보이는 작품에 감탄했다. 특히 동화 속에 나오는 주인공들을 크리스털로 만든 미니피규어에 눈이 갔다. 정교해서 살아 있는 것처럼 생동감이 있다. 피규어 덕후들이 보면 환호성 지르며 눈을 반짝이며 좋아할 것 같다. 꽃은 향기는 나지 않지만, 생화보다 화려했다. 가짜가 진짜 같다. 보석과 장신구를 좋아하는 사람은 이곳에 오면 좋아서 오래 머물고 싶어 할 것 같다. 〈트랜스포머〉처럼 유리의 다양한 변신이다. 유리공예보다 더 섬세하고 화려하다. 그래서 더 비싼가? 1시간 정도 전시장을 구경하고 나오니 어김없이 우리를 유혹하는 매장이 떡 하니 기다리고 있다. 인간의 마음을 건드리는 고도의 상술이다.

"어서 오세요. 마음껏 구경하시고 구매하세요."

세계에서 제일 큰 크리스털 브랜드 매장답게 다양한 종류의 제품들을 판매하고 있다.

"마음에 드는 것 있으면 마음껏 골라봐."

호기롭게 말했지만, 가격이 만만치 않다. 중동과 중국에서 온 돈 많은 사람만 쇼핑백을 들고 있는 것 같다. 작품 구경 잘하고 나서 기념품을

구입하지 않으면 뭔가 찝찝하다. 바깥으로 나왔다. 어느 곳보다 화려했지만 답답한 실내보다 눈부시게 환한 햇살이 있는 바깥이 더 좋다. 가슴을 최대한 벌려 신선한 공기를 가득 들이켰다. 시간 나는 대로 같은 동작을 몇 번 했다.

야외 정원은 알프스와 잘 어울렸다. 지하철 개찰구처럼 카드를 주입해야 들어갈 수 있다. 이곳 역시 크리스털을 재료로 여러 모양으로 형상화하여 야외 전시관을 만들어놓았다. 물, 꽃, 구름, 사람 그리고 자연이 조화롭다.

상처와 치유의 회복

'좋은 일은 추억이 되고 나쁜 일은 경험이 된다.'

여행은 인생의 축소판이다. 기억에는 덤덤한 기억, 아픈 기억, 아름다운 기억이 있다. 돈이 많아서 잘 사는 것이 아니라, 아름다운 기억이 많은 사람이 멋지게 잘 살았다고 생각한다. 티롤 알프스 고봉들이 병풍처럼 인스부르크를 감싸고 있다. 천혜의 자연환경이 아름답다.

중세시대에는 수도 빈보다 훨씬 더 많은 사랑을 받았던 도시였다는 것을 걸어보니 알겠다. 시내 어디서든 고개를 들면 도시 전체를 에워싸듯 펼쳐져 있는 알프스의 아름다운 절경을 보게 된다. 이 도시에 사는 사람들은 하늘의 복을 받았다. 발길 닿는 곳마다 감탄한다. 자전거 타고 다니는 사람들이 부러웠다.

"좋겠다. 나도 저럴 때가 있었지."

도시 가운데 흐르는 인강의 잔잔한 물결이 평화롭다. 독일, 스위스,

이탈리아와 인접해 있어 교통의 요충지다. 천혜의 아름다운 자연을 품었기 때문에 주변 국가들이 호시탐탐 기회를 엿보며 침략했다. 자기 것이 아님에도 아름다운 것을 보면 가만두지 않는 나쁜 심보를 국가도 가지고 있다. 전쟁의 참혹했던 아픔이 세월에 흐르는 강 따라 희미해지고 가슴에 묻혔다. 고통스러운 상처를 어떻게 치유하고 회복했을까? 알프스의 넉넉함이 도움이 되었을 것 같다.

박물관과 거리 풍경

주요 관광지는 구시가지에 모여 있어 한나절이면 충분히 둘러볼 수 있다. 기차역에서 구시가지까지 약 1.2㎞로, 가볍게 걸으면서 구경하면 된다. 중심 거리는 개선문까지 일직선으로 약 500m 대로다. 600년 역사를 간직한 고풍스러운 건물과 현대적인 세련된 건물들이 조화롭다. 파스텔색으로 칠한 건물들이 거리와 잘 어울려서 보기 좋다. 오가는 사람들의 표정이 밝다. 노천카페에서 여유롭게 차 마시며 이야기하는 모습이 평화롭다. 간판도 어쩜 저렇게 예술적으로 잘 만들었을까? 우리나라의 건물 앞면을 가득 메운 사각형 간판이 떠올랐다.

박물관과 미술관 매표소에서 인스부르크 카드를 보여주면 티켓을 주며 친절하게 안내했다. 입장료가 비싸면 볼까, 말까 하는 망설임이 없어서 좋았다. 내부는 천장화와 벽을 가득 메운 벽화가 고급스러운 샹들리에와 잘 어울렸다. 전시공간이 넓지 않아 부담스럽지 않다. 화가도 그림 내용도 알지 못하지만, 다양한 그림을 보는 것만으로도 좋다.

개선문은 구시가지로 가는 관문인 마리아 테레지아 거리에 우뚝 서 있다. 개선문을 보니 옛 친구를 다시 만난 듯 반갑고 감회가 새롭다. 1992년에 개선문 앞에서 자전거 타고 활짝 웃고 있는 사진이 추억으로 남아 있다. 1765년 마리아 테레지아 여왕의 명에 의해 로마 개선문을 모델로 건축했다. 남편의 죽음을 추모하고 아들의 결혼을 축하하기 위해 만들었다. 성 안나 탑은 관광객들이 찾아가서 사진 찍는 장소로 인기 좋은 랜드마크다. 코린트식으로 만들었으며, 꼭대기에는 성모 마리아상이 있다. 시청 탑은 처음에는 지붕이 뾰족한 첨탑이었다. 16세기에 양파 모양의 돔을 첨가해 르네상스식 구조로 개축했다. 양파 모양의 돔은 러시아에서 본 많은 성당을 떠올리게 했다.

트램이 달리는 반질거리는 레일이 오래된 도시임을 말해준다. 인스부르크에 머물 수 있는 시간이 짧아 아쉬웠다. 이럴 줄 알았으면 하룻밤이라도 예약할 것을 그랬다. 잘츠부르크로 돌아갈 기차 시간이 20여 분 남았다. 빠른 걸음으로 부지런히 걸어 기차역에 도착했다.

미라벨 정원에서 도레미 송을 불렀다

장미 향 가득한 미라벨 정원은 영화 〈사운드 오브 뮤직(1969년)〉의 배경이었다.

"세상에서 가장 아름다운 합창이 시작된다."

폰 트라프 대령의 귀여운 아이 7명이 이곳에서 '도레미 송'을 불러 감동을 주었다. 많은 사람의 사랑을 받는 영화이기 때문에 세계적으로 유명한 정원이다. 영화가 얼마나 많은 사랑을 받았으면 1978년, 1995년, 2012년, 2017년에 재개봉을 했을까. 명절에 TV에서 자주 볼 수 있다. 예전에는 궁전의 정원이기 때문에 일반인은 들어갈 수 없었다. 지금은 누구나 갈 수 있다. 대통령 별장으로 사용하다 국민에게 개방한 청남대가 생각났다.

여러 종류의 꽃들이 활짝 웃으며 관광객을 맞이한다. 연못 가운데 조각된 분수에서 물줄기를 뿜어낸다. 그리스 신화에 나오는 영웅들의 조각품이다. 특히 페가수스 청동상은 살아 움직일 것 같은 생동감이 있다.

정원은 주인의 취향이 중요함은 물론 시대별로 다르다. 꽃과 나무들의 배치가 중요하다. 꽃은 종류별로 나누고 색깔이 잘 어울려야 화려하고 아름답다. 향기를 고려하면 더 좋다. 이곳은 웨딩 촬영 장소로 인기가 좋다. 오늘도 세 커플이 웨딩 촬영을 하고 있다.

장미정원에서 호헨잘츠부르크성이 한눈에 보인다. 중세 유럽에 건축한 성 중에서 지금까지 파손되지 않고 잘 보존된 성채 중 최대 규모다. 높이는 120m다. 1077년에 황제가 아닌 잘츠부르크 대주교 게브하르트의 명에 따라 건축되었다는 것이 놀랍다. 11세기는 로마 교황과 독일 황제의 대립이 심한 시기였다. 대주교가 남부 독일의 제후들이 공격해올 것을 대비해서 건설했다고 한다. 중세시대에 종교의 권력이 얼마나 막강했는지 알 수 있다. 가톨릭에서 그 역사적 의미가 중요하다.

과거에는 왕궁이었지만 지금은 시장 집무실과 행정 사무실로 사용한다. 과거와 현대의 조화로움이다. 바로크 예술품이 전시된 곳을 관람했다. 외관은 평범하지만, 화려한 실내 인테리어와 장식을 보니 왕궁임이 틀림없다.

음악 신동 모차르트가 살았던 집

잘츠부르크는 유럽 가운데 있어서 '유럽의 심장'이라고 부른다. 아름다운 음악과 낭만의 중심지로 사랑받고 있다. 제2차 세계대전 동안 많은 건물이 파괴되었다. 바로크식 건물들이 보존되어 '북쪽의 로마'라는 애칭이 있다. 유럽 도시 특징 중의 하나가 세월이 흘러도 변함이 별로 없다는 것이다.

음악을 좋아하는 사람은 음악의 도시 잘츠부르크에 꼭 가보고 싶어 한다. 왜냐하면 그곳에는 볼프강 아마데우스 모차르트(1756~1791년)의 생가가 있기 때문이다. 모차르트는 5살에 왕궁에서 피아노 연주를 하여 음악 신동으로 불렸다. 그를 기념하여 1920년부터 '잘츠부르크 음악제'가 해마다 대규모로 개최된다. 이 시기에 음악 애호가들이 잘츠부르크로 몰려든다. 잘츠부르크에 사는 사람이 부럽다.

모차르트는 겨자색 5층 건물 3층에서 태어났다. 생가는 잘츠부르크 최고의 관광지며 필수 코스다. 350여 년이 지났음에도 보존이 잘되어 있다. 서재, 거실, 주방, 침실을 보면 그 당시에 어떻게 살았는지 알 수 있다. 특히 모차르트가 직접 연주한 작은 피아노와 음악에 관련된 전시품들을 유심히 보았다. 새 깃털로 만든 펜과 종이 위에 쓴 글씨와 악보들이 감동으로 다가왔다. 〈피가로의 결혼〉, 〈레퀴엠〉, 〈마술피리〉, 〈돈 조반니〉를 비롯한 많은 피아노곡이 생각난다. 천재 작곡가가 35살에 세상을 떠난 것이 안타깝다. 생각보다 키가 작고 허약한 것도 이유였을 것 같다.

영화 〈아마데우스(1985년)〉에서 모차르트가 피아노 연주를 하던 장면과 멜로디가 생각났다. 모차르트가 입었던 옷과 특이한 웃음소리와 표정도 기억났다. 모차르트 생가가 있는 거리는 관광객들로 많이 붐빈다.

거리의 간판들은 대부분 작은 철제로 만들었다. 간판이 독창적이고 개성이 뚜렷하여 무슨 가게인지 잘 표현했다. 예술의 도시는 이것 하나만 봐도 다르다.

잘츠부르크 대성당의 파이프 오르간

잘츠부르크의 여름 햇살은 뜨겁다. 그러나 건물 사이를 걷거나 실내로 들어가면 시원하다. 잘츠부르크 대성당으로 가는데 여성이 부르는 익숙한 노래가 들려 그쪽으로 갔다. 수수한 생활복을 입은 여성이다. 표정과 몸짓에서 곡에 몰입해서 부르는 것이 느껴졌다. 그녀는 성량이 좋았고 건물 사이에 있어서 공명이 잘되어 울림이 좋았다. 여러 사람이 자유롭게 앉거나 서서 노래를 듣고 있다. 감상하는 태도가 자연스럽고 표정들이 평화롭다.

잘츠부르크 대성당의 외관은 지금까지 본 성당들과 비슷하고 웅장하지 않았다. 대성당 안으로 들어가는 문이 세 곳이다. '신앙', '사랑', '희망'을 의미한다. 사람이 살아가는 데 꼭 필요한 요소다.

대성당은 단순히 크기가 큰 것을 말하는 것이 아니고, 대주교가 이곳에 상주한다는 것을 의미한다. 그 당시 대주교는 종교 지도자일 뿐만 아니라 지역을 통치하는 권력자였다. 도시들은 성당을 중심으로 발전했다. 모차르트가 이곳에서 침례를 받았다고 하니 느낌이 다르다. 20대 초반인 1779년부터 대성당에서 오르가니스트로 일했다. 성당 안의 시원한 공기가 땀을 식힌다. 내부는 넓고 높다. 1만 명이 들어갈 수 있다. 스테인드글라스가 있어서 어둡지 않고 환하다. 자연 친화적인 천연 조명이다. 벽은 밝은 대리석으로 만들어 다른 성당들보다 고급스럽고 우아한 느낌이다. 조각들이 디테일하고 입체적이다.

대성당은 744년에 건축하고 여러 차례 개축했다. 1628년에 바로크 양식으로 완성했다. 제단 위 돔은 유난히 높게 보였다. 천장화는 역시 성화로 가득하다. 고개 들어 무슨 내용인지 한참을 보았다. 성경을 모르는 사람은 어떤 생각을 할까?

대성당의 파이프 오르간은 파이프가 6,000개여서 유럽에서 가장 크다. 실내가 넓어 공명이 잘되어 웅장한 연주를 들을 수 있을 것 같다. 제단 앞 양쪽 기둥과 곳곳에 파이프가 있다. 2층으로 올라가서 오르간을 자세히 보았다. 연륜이 느껴졌다. 질감 좋은 나무와 쇠파이프가 어울려 내는 연주는 어떤 소리를 낼까 궁금했다.

대성당 입구에서 오른쪽 계단으로 올라가면 '돔 박물관'이 있다. 대성당이 소장하고 있는 보물들과 역대 대주교가 사용한 성구들이 많이 있다. 지금은 조금 낡았지만, 그 당시에는 화려하고 위엄을 갖추었을 것이다. 다른 건물로 이동하기 위해 옥상으로 나왔다. 파란 하늘 아래 잘츠부르크 풍광이 멋있다.

삶과 죽음은 가까이에 있다

〈전설의 고향〉에서는 무덤에서 흰옷 입고 머리 푼 귀신이 나왔다. 어렸을 때 이불을 뒤집어쓰고 보았다. 무덤은 등산하면 많이 만난다. 지금은 보는 것도, 옆으로 지나가는 것도 자연스럽다. 양지바른 곳에 잔디가 잘 정리된 무덤을 보면 푸근한 느낌이 든다. 우리나라는 산과 들에

봉곳 솟은 무덤이 많다. 외국은 묘지가 교회 정원에 있거나 마을 가까운 곳에 있다. 필리핀 빌리지 가까운 곳에는 공동묘지가 공원처럼 넓게 조성이 잘되었다. 어쩌면 삶과 죽음이 그렇게 멀리 떨어져 있지 않다고 생각하는 것 같다.

잘츠부르크 공동묘지도 성당 울타리 안에 있다. 개성에 따라 옷을 입듯이 크고 작은 묘비들의 생김새가 다르다. 파란 잔디 위에 무덤이 평온해 보인다. 묘지 위에는 빛바랜 조화가 아닌 생화가 고인을 추모하고 있다. 묘비 사이로 아내가 남편이 앉은 휠체어를 밀고 가는 뒷모습이 애틋하면서 숭고해 보였다. 발이 불편한 남편에게 발이 되어주는 아내의 사랑이 느껴진다. 영화를 촬영하는지 카메라맨들과 스텝들이 서로 의논하며 구도를 잡고 있다. 너무 화려하게 장식한 성당을 보는 것은 불편하다. 재단과 파이프 오르간의 테두리가 금박으로 빛난다. 돈이 많은 성당인 것 같다. 가난한 사람들에게 구제도 잘했으리라 믿고 싶다.

옆에 있는 바위산에 계단으로 사람들이 올라간다. 그곳으로 발걸음을 향했다. 투박하고 거친 질감의 바위 안은 서늘했다. 무슨 사연이 있기에 바위 속을 깊게 파냈을까? 나무에 그린 성화가 먼저 보인다. 소박한 나무 제단과 십자가가 있다. 바위 속 작은 공간에서 전심으로 예배드리는 모습을 상상한다. 그들의 기도와 찬양은 간절하고 뜨거웠을 것이다.

"우리 삶의 모든 순간이 첫 순간이고, 마지막 순간이며, 유일한 순간이기 때문에 각각의 말과 몸짓, 각각의 전화 통화와 결정은 모두 우리 삶에서 최고로 아름다운 것이 되어야 합니다."

- 프란치스코 하비에르 구엔 반 투안(1928~2002년)

호헨잘츠부르크성과 수도원

푸니쿨라를 타고 호헨잘츠부르크성으로 올라갔다. 푸니쿨라는 가파른 산을 올라가는 데 편리한 산악 기차다. 성은 바로크 건축양식의 아름다움을 잘 보여준다. 중세시대에 산꼭대기에 거대한 성채를 건축하기 위해 얼마나 많은 땀과 피를 흘렸을까? 불합리한 신분의 계층이 존재하는 봉건시대였기 때문에 가능했을 것이다. 현대에 사는 국민은 '기회는 평등하며, 과정은 공정하며 결과는 정의로운 나라'에 살기를 원한다.

성안에 성당과 대주교가 살던 곳을 개방했다. 성당 내부는 지역마다 시대별로 다르다. 빛바랜 성화에서 세월의 흐름을 느낄 수 있다. 성화 속에 성인과 성직자들은 날카로워 보였다. 반면에 나이 드신 수녀 두 분은 친근감이 느껴졌다.

라이너 박물관은 재래식 무기와 고문 기구와 그 시대 생활상을 알 수 있는 품목을 전시했다. 묵직한 대포 몇 문이 성 바깥을 향하여 자리를 지키고 있다. 조준을 정확히 해서 발사했을까 하는 의문이 들었다.

콘서트홀에서는 지금도 실내악 연주회가 열린다. 프란츠 요제프 하이든과 볼프강 아마데우스 모차르트가 연주했던 수동식 파이프 오르간이 있다. 요즘도 누군가가 연주를 할 것 같다.

성에서 내려올 때 푸니쿨라 타는 곳을 찾지 못해 힘들게 올라오는 사람들을 만났다. 모랫길은 가파르고 비탈져서 미끄러웠다. 제대로 찾지 못해서 몸이 고생이 많다.

스탠딩 티켓으로 연극을 보다

음악의 도시 잘츠부르크에 왔으니 클래식 음악회를 보고 싶다. 레지덴츠광장에서 6시에 음악회가 있다고 해서 기대하고 시간에 맞추어 도착했다.

"아, 이럴 수가!"

스크린에서 오케스트라 공연을 하고 있다. 실망했다. 잘츠부르크에서 스크린으로 음악회를 보고 싶지는 않았다. 1시간 전, 성당 두 곳 입구에 피아노 독주회와 작은 실내악 연주회를 한다는 안내문을 읽고 지나쳤다. 왜? 우린 레지덴츠광장에서 하는 음악회를 보러 가는 중이었기 때문이다. 다시 돌아가기에는 늦었다. 지금 시간에 하는 음악회가 없다. 연주회 하는 성당으로 다시 돌아갈까 하는 생각이 들었다. 문을 열어줄지 모르지만, 상황이 상황인 만큼 조금 늦더라도 갈까 하는 생각을 했다.

많이 아쉽다. 연극 포스터가 보였다. 기대한 음악회가 아니라 아쉽지만, 연극이라도 보면 좋겠다. 꿩 대신 닭이다. 티켓 박스에 가니 매진이란다. 많은 사람이 정장 혹은 전통의상을 입고 모여들기 시작했다. 연극에 대한 기대로 들떠 있고 즐거워 보였다. 유명한 연극인 것 같다. 익숙한 첼로 연주곡이 광장에 울려퍼졌다.

"아, 맞다. 스탠딩 티켓!"

공연을 좋아하지만, 입장료가 부담되는 사람과 학생을 위해 아주 저렴하게 판매하는 스탠딩 티켓이 생각났다. 매표소에 다시 물었다. 스탠딩 티켓은 다른 곳에서 판매한다며 장소를 알려주었다.

"이 연극 꼭 보고 싶다. 스탠딩 티켓이라도 있으면 좋겠다."

연극 개막 시간이 얼마 남지 않아 마음이 급해졌다. 골목길을 몇 번

돌아가니 티켓을 판매하는 작은 박스가 보였다. 다행히 스탠딩 티켓 몇 장이 남아 있다.

"1장에 10유로."

"와, 저렴하다."

여직원이 싱긋 웃으며 일반 티켓은 좌석에 따라 100~200유로 정도 한다고 말했다. 무슨 내용인지 잘 못 알아듣겠지만, 잘츠부르크에서 연극을 보는 것도 좋은 경험이 될 것이다. 정장 차림을 한 직원들이 입구에서 티켓 검사를 철저하게 한다. 무대와 객석은 임시로 만들었다. 빈자리 없이 관객들로 꽉 찼다. 스탠드는 좁고 불편해 보였다. 무대 바로 옆에 30여 명이 서서 시작을 기다리고 있었다. 무대와 가까워 배우들의 표정 연기가 더 잘 보일 것 같다. 저 뒤쪽에 있는 좌석보다 여기가 더 좋은 것 같다(난 긍정형 인간이다). 서서 봐야 하는 불편함이 조금 있을 뿐이다. 입장료가 10유로인데, 이 정도면 괜찮다.

막이 올랐다. 중년 남자배우 혼자 나와 열연을 했다. 관객의 집중과 열기가 느껴졌다. 조명과 안개가 극적인 분위기를 고조시켰다. 시간이 흐를수록 연극은 클라이맥스로 향해 가고, 관객들의 몰입감이 높아졌다.

방송국에서 온 아나운서가 내 옆에서 취재한다. 흥미롭게 쳐다보니 그 남자도 빙긋 웃으며 엄지 척을 했다. 연극은 시작한 지 약 1시간 30분가량 지나고 있다. 아내와 효은이는 열심히 듣고 있다. 음악 콘서트면 더 좋았을 텐데 하는 아쉬운 마음이 들지만, '지금 아니면 언제 이런 연극을 보겠어?' 하며 스스로 위안했다. 잘츠부르크의 마지막 밤이 깊어가고 있었다.

"이 세상에는 행복도, 불행도 없습니다. 오직 하나의 상태와 다른 상태의 비교만이 있을 뿐입니다. 가장 큰 불행을 경험한 자만이 가장 큰 행복을 느낄 수 있습니다."

- 알렉상드르 뒤마(1802~1870년)

감탄과 탄성이 나오다-할슈타트

잘츠부르크에서 기차 타고 할슈타트에서 내렸다. 기관사 아저씨의 인상 좋은 미소에 내 얼굴도 환해졌다. 거울처럼 잔잔한 호수와 건너편의 그림 같은 풍광이 눈으로 들어왔다. 알프스의 산자락을 끼고 빙하 호수가 펼쳐졌다. 달력 사진에서 본 풍경이다. 왕복 티켓을 사고 배에 올랐다. 선글라스를 낀 멋쟁이 여성이 가늘고 큰 핸들을 운전했다. 아름다운 이국적인 마을이 다가왔다. 가벼운 탄성이 저절로 흘러나왔다.

'잘츠카머구트의 진주'라는 애칭이 어울렸다.

"참 아름다워라. 주님의 세계는…"

할슈타트라는 단어가 주는 어감은 딱딱하다. 그런데 이렇게 아름답고 멋진 곳일 줄이야. 할슈타트가 작은 마을 이름인 줄 알았는데, 잘츠카머구트에 있는 호수 이름이다. 유럽 여행하는 사람들은 누구나 오고 싶어 하는 곳이다. 동유럽 여행 코스를 계획하면서 발견한 곳이다. 호수 마을의 역사가 기원전 1만 2,000년경이라고 해서 놀랐다. 이를 증명이라도 하듯 이곳에서 철기 유적이 발견되었다고 한다. 1997년에 세계문화유산으로 등재되었다.

선착장에 내려 오른쪽 먼저 둘러보기로 했다. 사진에서 본 호수 주변으로 크고 작은 예쁜 집들이 사이좋게 옹기종기 모여 있다. 공터가 좁아 산 쪽으로 집이 있다. 창문과 베란다에는 여러 종류의 꽃들이 활짝 피어 있다. 현지인보다 관광객이 더 많은 것 같다. 자전거여행을 하는 사람이 지나간다.

좁은 골목을 따라 천천히 걸으며 사진을 찍었다. 오래된 투박한 나무 집이 많다. 지붕이 울릉도에 있는 너와 기와처럼 겹쳐져 놓였다. 나무 벽에 연륜이 느껴지는 손때 묻은 연장들이 걸려 있다. 고양이는 여유롭게 낮잠을 즐기고 있다. 청포도가 익어가고 있다. 좁은 공간에 현대차가 주차되어 있어서 반가웠다. 1992년에 세계 여행할 때 도로를 달리는 현대차를 발견하면 한국에서 만든 차라고 외국인들에게 자랑했다. 요즘 젊은이들 말로 '국뽕'이다. 그때는 자부심이었다. 여행 중에 만난 영국 남자는 더 심했다.

성당은 외형에서 세월이 느껴지고 소박했다. 안으로 들어갔다.

한 줄기 햇살이 스테인드글라스의 여러 가지 문양과 다양한 색에 투영되어 바닥으로 쏟아진다. 반사된 햇살이 우리를 포근하게 감쌌다. 대도시에서 만난 웅장한 성당에서 느끼지 못했던 편안함이 좋다. 파이프 오르간은 나무로 만들었다. 어떤 깊고 장엄한 소리가 날까?

"아, 좋아도 너무 좋다."

소금 광산의 소금은 짜다

호수가 잔잔하며 맑고 깨끗하다. 알프스 높은 산 깊은 골에서 흘러나와서 그런 것 같다. 투명한 호수에 산이 반영되어 데칼코마니처럼 선명하다. 중년 아저씨와 잘생긴 개가 여유롭게 수영을 즐기고 있다. 수영하고 싶다. 호수는 바다와 달리 파도가 치지 않고 짜지 않으니 수영하기 좋다. 마을 가운데 흐르는 도랑은 바닥이 훤히 다 보인다. 물고기가 많다. 풍경 하나하나가 눈과 마음을 사로잡는다.

소금 광산에서 일하던 광부의 힘들어하는 모습을 형상화한 동상이 꽃들 사이에 있다. 제주도 하루방과 비슷하게 생겼다. 알프스 산악 지역은 고기와 생선을 보존하기 위해 소금이 필요하다. 할슈타트는 세계 최초의 소금 광산으로 유명하다. 높은 산 속에 소금 광산이 있다니 신기하다. 할슈타트의 'HAL'은 고대 켈트어로 '소금'이라는 뜻이다. 소금 막장에서 힘든 일을 하고 광산에서 나와 눈 앞에 펼쳐진 호수를 보면 고단함이 풀릴 것 같다. 고대시대에는 소금이 귀하여 화폐로 사용했다. 소금 광산은 황금 광산이다. 소금으로 부를 이룬 마을이 지금은 유명한 관광지로 부를 이어가고 있다.

케이블카를 타고 다흐슈타인산에 올라가면 소금 광산이 있다. 매표소 옆에서 암염을 비롯하여 소금으로 만든 여러 가지 관광 상품을 판매하고 있다. 암염을 손가락에 묻혀 혀에 넣었다.

"앗, 짜."

짭조름한 것이 아니라 진짜 짰다. 할슈타트 소금이 유명하다기에 선물용과 스테이크 구워 먹을 때 뿌려 먹으려고 샀다. 그런데 지금 소금 광산은 운영을 안 한다. 그렇다면 저 많은 소금은 어디에서 가져온 것일까?

주변 가게에서는 귀엽고 깜찍한 전통의상을 판매하고 있다. 넓지 않은 마르크트광장 가운데 '성 삼위일체 조각상'이 있다. 그 옆에는 에반젤리스혜 교회가 있다. 이곳은 2006년 KBS 2TV 드라마 〈봄의 왈츠〉에서 남자 주인공이 한효주에게 피아노를 연주해주던 곳이다. 수려하며 웅장한 산으로 빙 둘러싸인 호수 마을이 평화롭다. 아름다운 백조가 한 가로이 물 위에 떠 있다. 여러 대의 관광용 보트도 백조다. 할슈타트는 '백조의 호수'다.

호수를 배경으로 한 작은 결혼식

할슈타트호수 바로 옆에서 결혼식을 하고 있다. 가족과 친지와 친한 사람들만 참석한 듯 하객이 단출한 작은 결혼식이다. 성직자가 주례하고, 바이올리니스트의 축하 연주가 할슈타트호수 위로 잔잔히 퍼져갔다. 아름다운 장소에서 하는 혼인예식인 만큼 결혼생활도 평화롭고 행복하기를 축복했다.

사랑의 유효기간이 얼마나 될까? 사람마다 다르겠으나 생각보다 길지 않다. 사랑의 유효기간이 끝나고 난 후 남은 결혼생활은 어떤 마음으로 100세 시대에 살아가야 하나? 사람을 잘 만나는 것은 세상을 살아가는 데 크나큰 복이다. 어떤 사람을 만나는가에 따라 인생이 바뀌기 때문이다. 그중에서 배우자는 제일 중요하다. 결혼은 인륜지대사다. 인생에서 배우자를 만나는 것은 인연이고, 나아가 숙명이라고 생각한다. 5포 시대라고 자조하는 우리나라는 청년들이 안쓰럽고 사회적인 문제가 되었다. 돈이 없어서 결혼을 포기하는 나라가 되지 않기를 기도한다.

돈에 관한 인식이 많이 바뀌었다. "부자 되세요."라는 광고 문구를 보면 심란하다. 물질만능주의를 부추기는 매스컴의 잘못이 크다. '잘 사는 사람은 돈이 많은 사람'이라고 생각한다. 영화 〈맘마미아(2008년)〉에서도 "머니, 머니, 머니."를 합창한다. 잘 산다는 것은 돈이 많다는 뜻이 아니다. 돈이 많다고 모두 행복한 것은 아니기 때문이다.

돌아가기 위해 배를 탔다. 평화로운 마을이 점으로 보일 때까지 가슴과 눈에 담는다. 다시 보니 주변의 산들이 의외로 높다. 깊은 골짜기마다 사연이 있을 것이다. 잠깐 그림에 취한 듯 아름다운 풍경에 취했다.

"See you again Hallstatt."

추가 요금을 낸 마지막 기차

전광판에 잘츠부르크로 가는 기차가 연착이라고 떴다. 체리와 방울토마토를 먹으며 40여 분을 기다렸다. 날렵하고 세련된 이층 기차가 도착했다. 의외라는 생각이 잠시 들었다.

"잘사는 나라 오스트리아니까 국영 기차도 좋구나."

내부는 깨끗하고 조용하다. 좌석 배치가 효율적이다. 유레일 패스 사용하는 마지막 날에 제일 좋은 기차를 타서 기분이 좋아 창밖을 봤다. 와닿는 풍경 하나하나가 눈길을 사로잡는다. 길게 이어진 호수와 마을들이 나타났다, 사라졌다 반복하며 숨바꼭질한다. 기차 안에 있으면 여행하는 기분이 배가 된다.

한국에서 동유럽 패스 5일권을 1인당 180유로에 구입했다. 동유럽 패스는 체코, 슬로바키아, 오스트리아, 헝가리를 여행할 때 경제적이고 편리하다. 승차권에 탄 날짜를 적고 24시간 동안 국영 기차를 무제한 탈수 있다. 특히 기차 요금이 비싼 오스트리아에서는 다른 나라에 비해 경제적으로 효용 가치가 높다. 7월 24일에 동유럽 패스를 처음 사용하여 8월 2일 오늘까지 알차게 잘 타고 다녔다. 덕분에 교통비를 절약해서 흐뭇했다.

젊은 남자 승무원이 객실 앞쪽에서부터 승차표 검사를 한다. 내 옆으로 와서 인사를 한다. 나도 미소 지으며 동유럽 패스를 꺼내주었다. 승무원은 미안한 표정으로 말했다.

"이 기차는 사철이기 때문에 추가 요금을 내셔야 합니다."

"사철인가요? 몰랐습니다."

"기차 시간에 착오가 생긴 것 같습니다."

"잘츠부르크로 가는 기차가 40분 연착한다기에 기다려서 탔습니다. 국영 기차, 사철 기차인지는 생각하지 못했습니다."

"알겠지만, 규정입니다. 추가 요금을 내셔야 합니다."

예의 바른 승무원이다. 한 사람당 8.9유로, 총 26.7유로를 지불했다.

"여행 잘하다가 마지막에 추가 요금으로 완성을 하는구나."

동유럽 패스를 처음 사용한 날 벌금으로 20유로를 지불한 생각이 났다. 지금 생각해도 언짢고 불쾌하다.

　7월 24일, 부다페스트에서 프라하로 가기 위해 기차역 사무실에 가서 동유럽 패스를 시작한다는 스탬프를 받았다. 동유럽 패스를 처음 사용할 때 그래야 한다. 기차역 직원이 패스에 오늘 날짜를 적으라는 말을 하지 않았다. 첫날 사용할 때에 기차에 승차한 후 승무원이 확인하고 날짜를 적는 줄 알았다. 다음부터 내가 적는 것으로 생각했다.

　기차에 탑승한 지 30여 분 후 승무원이 승차표를 검사했다. 효은이는 몇 좌석 앞쪽에 앉았다. 효은이에게 동유럽 패스를 주었다. 중년의 여승무원이 효은이 동유럽 패스를 보더니 날짜를 기입하라고 해서, 적는 것을 보았다. 우리에게도 당연히 그렇게 할 것으로 생각했다. 젊은 남자 승무원이 사무적으로 내 앞에 섰다. 동유럽 패스를 보여주었다.

　"탑승한 날짜를 적지 않았기 때문에 한 사람당 벌금 10유로씩, 총 20유로를 내세요."

　"아, 그런가요? 지금 적겠습니다."

　"안 됩니다. 벌금을 내야 합니다."

　"조금 전 역에서 동유럽 패스 시작하는 확인 도장을 찍었습니다."

　"20유로 주세요."

　"내가 날짜를 적어야 하는 줄 몰랐습니다."

　"20유로 주세요."

　"처음이라서 몰랐습니다. 봐주세요. 지금 적을게요."

　"안 됩니다. 20유로 주세요."

　10여 분 넘게 실랑이를 했다. 승무원은 동유럽 패스를 가지고 그냥 가려 했다. 기분이 나빴지만 할 수 없어서 100유로를 주었다.

"잔돈이 없습니다."

"승무원이 잔돈도 안 가지고 다닙니까?"

"20유로 주세요."

"현금이 없으면 신용카드로 결제하세요."

순간 짜증이 확 올라왔다. 여승무원은 효은이에게는 벌금 내라는 말을 하지 않고, 날짜를 적으라고 했다. 두 승무원의 다른 행동을 보면 매뉴얼화된 규정이 없는 것 같다. 생각지 못하게 지출한 20유로가 아깝기도 하지만, 승무원의 무례한 태도가 더 괘씸했다. 융통성이 없는 것일까? 잠시 후에 웃으면서 지나가는 것을 보면 오늘 기분 나쁜 일이 있었던 것 같지는 않다. 유레일 패스를 보면 외국에서 온 여행자라는 것을 알 텐데 왜 그랬는지 묻고 싶다. 42일 동안 여행하면서 기분 나빴던 딱한 번이 그 순간이었다.

8. 이탈리아

베네치아 산타루치아역에 잘못 내렸다

베네치아에 기차역이 두 군데 있는 줄 생각하지 못했다. 기차역에서 걸어서 3분 거리에 있는 호스텔을 예약하고 나니 기분이 좋았다. 뜨거운 날씨에 호스텔 찾아가는 것이 힘들기 때문이다. 호스텔은 최근에 신축한 10층 건물이다. 그래서 여행자들에게 인기 좋다. 처음에는 빈 객실이 없었다. 매일 부킹 닷컴을 보았다. 누군가 예약 취소를 한 것 같다. 얼른 예약했다. 기차역 가까이 있다는 설명에 당연히 '베네치아 산타루치아'역이라고 생각했다.

"왜 정확하게 확인을 안 했을까?"

1992년에 기차가 바다 위를 달린 기억이 있다. 바다가 보이기에 베네치아 기차역이 다음이라고 생각했다. 구글 맵으로 호스텔 위치를 확인했다. 그런데 호스텔로 가야 하는데 점점 멀어지고 있다.

"아, 이럴 수가!"

기차는 바다 위를 달리고 있다. 그만 가고 멈추면 좋으련만, 우리의 마음과는 달리 계속 달렸다. 햇살은 아드리아 바다 위로 쏟아지고, 물결은 반짝반짝 빛나고 있었다. 풍경에 감탄할 여유가 없다. 바다 위의 집들이 보이기 시작했다. 무거운 석조 건물이다. 수백 년 동안 가라앉지 않고 지탱하고 있는 것이 놀랍다. 기차는 20여 분을 달려 베네치아 산타루치아역에 도착했다. 대합실은 사람들로 혼잡하고 시끄러웠다. 이곳은 오늘이 아닌 내일 와야 하는 곳이다. 다시 돌아가야 한다.

"어떻게 돌아가지?"

전광판에서 기차 시간을 확인했다. 일단 바깥으로 나왔다. '물의 도시' 베네치아에 도착했으나 되돌아가야 한다는 생각에 기분이 좋지만은 않

았다. 머리와 어깨 위로 뜨거운 햇살이 쏟아졌다. 바다 위에 고풍스러운 오래된 건물들이 "여기가 베네치아야. 어서 와!"라고 하는 것 같다. 수로 위에는 크고 작은 배들이 오간다. 여행자의 마음은 들뜨고 있다. 밝은 날씨는 마음을 긍정적으로 만들어주었다.

변함없이 그대로인 산마르코광장

나폴레옹이 '세계에서 가장 아름다운 응접실'이라고 극찬한 산마르코광장이다. 1992년에 섰던 그 자리에 가족과 함께 있으니 감흥이 마음속에서 몽글몽글 피어났다. 산마르코 성당과 두칼레궁과 탑이 오랜만에 친구를 만난 듯 반갑다.

"안녕! 오랜만이네. 그동안 잘 지냈어?"

"그래, 반가워. 오늘은 가족과 함께 왔단다."

"그때 약속을 지켰구나. 대단해. 칭찬해."

광장은 다양한 인종으로 북적였다. 표정에서 설렘과 기대감을 느낄 수 있다. 사랑과 낭만이 넘치는 베네치아에 왔다고 좋아한다. 들뜬 표정으로 사진 찍기에 바빴다. 1992년에 찍었던 그곳에서 아내와 효은이와 같은 포즈로 사진을 찍었다. 비둘기는 그때보다 조금 적은 것 같다. 비둘기 똥이 머리 위로 떨어질까 봐 조심하며 걸었던 기억이 떠올랐다. 엉뚱하게 가짜 뉴스가 생각났다.

"우리나라에 비둘기가 많은 이유는 전쟁이 일어났을 때 비상식량으로 사용하기 위함이다."

이곳은 베네치아 문화, 경제, 정치의 중심지다. 카페에서 여가수가 콘

트라베이스 리듬을 타며 분위기 있는 노래를 부른다. 관광객인 듯한 여성이 가볍게 춤을 춘다. 바닷물결이 넘실거리며 출렁인다. 수상 버스도 리듬을 탄다. 이곳은 모두를 즐겁게 하는 마법이 흐르는 것 같다. 베네치아는 118개의 작은 섬들과 약 400개의 다리로 이루어졌다. 운하는 S자를 그리며 흐른다. 혈관처럼 이어진 골목길이 아닌 물길이다. 곤돌라가 흔들흔들 여유롭다. 베네치아는 차가 다니는 도로가 아니라, 배가 물결을 일으키며 다닌다. 그래서 역동적이다. 베네치아를 배경으로 한 영화 장면이 오버랩된다.

　고유의 색이 바랜 건물 몇 채는 쓰러질 듯 위태롭게 보인다. 지구 온난화와 수상 도시 자체의 노후화로 매년 조금씩 가라앉고 있다. 구도시 전체가 유네스코 문화유산으로 지정되어 집수리를 마음대로 하지 못한다. 생활하수를 운하로 배출하기 때문에 물이 깨끗하지 않다. 실제 모습은 적나라하다.

세계에서 제일 큰 그림-두칼레궁전

산마르코 성당에 들어가기 위해 많은 사람이 줄을 서 있다. 뜨겁게 내리쬐는 햇볕을 맞으며 1시간은 넘게 기다려야 할 것 같다.

"그러고 싶지는 않다."

성당 바로 옆에 있는 두칼레궁전으로 발걸음을 옮겼다. '두칼레'는 '군주'라는 뜻이다. 산마르코 성당과 함께 베네치아 관광의 중심이다. 679년부터 1797년까지 천 년 넘게 베네치아를 다스린 총독 120명이 거주했다. 권력과 부의 상징인 궁전은 여러 차례 개축을 거친 후 1442년 완성했다. 비잔틴, 르네상스 건축양식과 복합되어 흥미롭다. 건물의 역사가 오래되어 개축할 때마다 그 시대의 건축양식을 따랐다. 베네치아 고딕의 조형미가 가장 뛰어난 건축물로 평가받는다.

외벽이 하얀 대리석으로 되어 나름 고급스럽다. 장식된 문양들은 단순하지만 독특한 이슬람식이다. 입장료는 성인 20유로, 학생은 13유로다. 궁 안에는 세계에서 가장 큰 그림이 있다. 얼마나 크기에 세계에서 제일 크다고 하는 것일까? 궁전은 3층이다. 층별로 평의회, 원로원, 재판소, 감옥, 무기고가 있다. 천장과 벽에는 금박으로 만든 조각들이 가득하다. 당시에는 얼마나 고급스럽게 빛이 났을지 상상이 안 된다. 왕의 권위를 상징적으로 나타낸다.

"과연 왕궁은 다르구나!"

가장 볼 만한 곳은 '10인 평의회의 방'이라 부르는 넓은 방이다. 이곳에 화가 틴토레토가 그린 세계에서 가장 큰 유화 〈천국〉이 있다. 가로 24.65m, 세로 7.45m 크기로 정면 벽을 가득 채웠다. 천국을 어떻게 표현했을까? 궁금해서 최대한 가까이 다가갔다. 실내가 밝지 않고 그림 자체도 어두워서 상상하는 천국처럼 마음에 확 와닿지 않았다.

그 밖에도 베네치아에서 일어난 역사적인 장면과 풍경을 그린 그림이 많다. 〈76인 총독의 초상화〉와 〈베네치아의 찬미〉가 눈에 띈다. 베네치아 총독들은 그림을 좋아한 것 같다. 크고 작은 방들이 미로처럼 계속 연결되어 있다. 새로운 것을 구경해서 좋지만, 다리가 아프고 눈이 피로하다. 창으로 다가갔다. 시원한 바람을 맞으며 잠시 쉬었다. 베네치아 평민들이 살았던 오렌지 지붕의 집들이 정겹게 보였다. 넘실대는 아드리아 바다는 햇살에 반사되어 눈이 부시다.

다시 궁 탐방에 나섰다. 이 방에는 무엇이 있을까? 베네치아는 전쟁을 많이 치른 것 같다. 전쟁에 관한 그림과 무기들이 많다. 얼마나 많은 무고한 생명이 제 목숨을 다하지 못하고 죽었을까? 재판장에서 작은 운하 위 '탄식의 다리'를 건너 프리지오니 감옥으로 간다. 죄수들이 살아서는 베네치아의 아름다움을 보지 못할 것이라는 생각에 탄식했다고 한다. 내 생각에는 베네치아보다 사랑하는 가족과 함께하지 못해서 슬퍼했을 것 같다. 카사노바는 저 다리를 건너면서 무슨 생각을 했을까? 그를 그리워한 여자들이 많았을 것이다. 지금도 카사노바가 즐겨 먹었다는 음식이 잘 팔린다고 한다.

흔들흔들 곤돌라의 역사

"삐거덕삐거덕, 흔들흔들 흔들려 가네."

곤돌라는 이탈리아어로 '흔들리다.'라는 뜻이다. 출렁이는 물결 따라 추풍낙엽처럼 요동친다. 넘실대는 바다에서는 좌우로 그 움직임이 더

심해 보인다. 구명조끼를 입은 사람은 보이지 않는다. 위험하지 않을까?

수상 도시인 베네치아를 상징하는 교통수단이던 곤돌라는 11세기부터 운행했다. 현재는 베네치아 관광 명물이 되었다. 길이 9m, 폭 1.5m의 날렵하게 잘 빠진 선체는 좁은 운하에서 잘 빠져나오기에 적합하다. 졸부들이 부유함을 과시하기 위해 곤돌라를 화려하게 장식하고 칸막이를 했다. 과시욕과 퇴폐가 심하여 1562년에 모든 곤돌라에 칸막이를 없애고 검은색으로 칠하게 했다. 18세기에 인구 30만 명이 살았고, 곤돌라가 1만 척이 있었다. 넓지 않은 베네치아 규모를 생각하면 상상이 안 된다. 운하에 바퀴벌레처럼 곤돌라가 바글바글했을 것이다. 지금은 400척이 있다.

수상 도시인 베네치아에 오면 곤돌라를 타고 싶어 한다. 영화를 보면 둥근 챙 모자를 쓰고 빨간 줄무늬 티셔츠를 입은 잘생긴 뱃사공이 노래를 부른다. 3m의 긴 노를 자유자재로 젓는 뱃사공은 베네치아 시민이 선망하는 고소득 직업인이다. 뱃사공이 부르는 〈산타루치아〉를 듣고 싶었는데 못 들었다. 내가 부르지 뭐. 중학생 때 나의 애창곡을 열심히 불렀다.

"창공에 빛난 별 물 위에 어리어
바람은 고요히 불어오누나.
내 배는 살같이 바다를 지난다.
산타루치아 산타루치아."

혼자가 아니고 가족여행이니 타야겠다는 생각에 흥정을 하러 갔다. 20분 동안 타는데 80유로에서 100유로를 부른다. 생각보다 비싸다. 몇 명에게 가격 협상을 해보았는데, 담합된 가격이라 실패했다. 그들은 열정적으로 권하지도 않았다. 퇴근하고 싶은 마음이 더 큰 것 같다. 바포레토(수상 버스)를 여러 차례 탔기 때문에 굳이 300유로를 주고 20분만 타기는 아깝다.

색이 예쁜 마을-부라노섬

　바포레토 운항 시간을 먼저 확인하고 다녀야 시간을 효율적으로 사용할 수 있다. 베네치아 인근의 섬들 가운데 최근에 가장 주목받고 있는 부라노섬으로 간다. 아이유의 〈하루 끝〉의 뮤직비디오 배경으로 나온 예쁜 섬이다. 1992년에 유리공예로 유명한 무라노섬에 갔었다. 그땐 부라노섬의 존재 자체를 몰랐다. 여행은 아는 만큼 보이며, 알아야 하나라도 더 본다.

　원색 페인트를 칠한 집들이 옹기종기 모여 있다. 사진을 찍으면 예쁘게 나와 관광객들이 많이 찾아간다.

　바포레토안은 유럽이 아니라 동남아시아 모습이다. 뜨거운 햇살을 피해 안쪽 자리에 앉았다. 시원한 바닷바람이 더위를 식혀주었다. 하늘과 바다를 보다가 뮤직비디오를 검색해 눈으로 익혔다. 50여 분 후에 부라노섬에 도착했다. 선착장 옆 주유소 주유기가 바다를 보고 있다. 배들이 많기 때문에 당연한데, 처음 보는 광경이라 색달랐다. 파라솔을 쓰고 있는 주유기가 귀엽다. 뜨거운 햇살을 가리기 위한 최선의 방어책이다.

　작은 섬 가운데 작은 운하가 흐른다. 운하를 사이에 두고 좌우편으로 알록달록한 집들이 있다. 거리에는 주민보다 관광객이 훨씬 많다. 원색이 예뻐서 감탄사가 쏟아진다. 빨강, 노랑, 파랑, 초록, 흰색, 짙은 남색, 연두색, 핑크… 무지개 색깔 집들이 만화영화를 보는 것 같다. 안에는 귀여운 요정들이 살 것 같다. 창문에는 빨래들이 햇살을 받으며 바람에 팔랑이며 춤을 춘다. 뽀송뽀송하게 말라가는 옷을 보니 기분 좋다.

부라노가 예쁜 섬이 된 이유가 있다. 어부들은 밤이 맞도록 일한 조업을 끝내고 지친 몸을 편히 쉴 수 있는 집에 빨리 가고 싶었다. 그런데 섬은 짙은 안개가 자주 끼었다. 집이 잘 보이지 않아 자신의 집을 찾기가 어려웠다. 본인이 쉽게 찾아가기 위해 집에 페인트를 칠했다.

섬 가운데 작은 광장이 있다. 바로 옆에는 세월의 흐름이 느껴지는 빛바랜 붉은색 성당이 있다. 끌리듯 성당 안으로 들어갔다. 시원하고 조용하다. 안은 담백한 하얀색이다. 잠시 앉아 쉬면서 감사의 기도를 드렸다. 2층에 있는 파이프 오르간으로 성가를 들으면 좋겠다. 성당과 파이프 오르간은 잘 어울린다.

지금까지 본 중세시대에 만들어진 도시와는 다른 부라노섬만의 독특한 풍광에 빠져들었다. 사람 사는 모습은 비슷한 것 같으면서, 주변 환경에 따라 천차만별이다. 운하를 끼고 작은 골목 사이에 가지런히 놓인 크레파스처럼 집들이 어깨를 나란히 하고 있다. 방향 감각이 없는 사람은 집이 비슷해서 길을 잃을 수 있겠다.

뜨거운 햇살을 어깨에 걸치고 다녔더니 목이 마르다. 시원한 물을 마시고 싶다. 할아버지가 친절하게 앞장서서 슈퍼마켓 가는 길을 가르쳐 주셨다.

본섬이 역사와 전통으로 바다와 어우러졌다고 한다면, 부라노섬은 사람의 노력이 깃든 섬이다. 크고작은 집들의 색이 예뻐서 카메라 셔터를 많이 눌렀다. 가난해서 그때마다 페인트칠을 했다는 이곳이 지금은 세

게인으로부터 사랑받는 관광 명소가 되었다.

섬의 특산품인 레이스가게 안으로 들어갔다. 아주머니가 한 땀, 한 땀 공들여 만들었다고 한다. 그 말에서 자부심이 느껴졌다. 화려한 레이스 작품들도 있고, 일상생활에서 편하게 사용하는 평범하지만 예쁜 레이스 들도 많다. 사람 손으로 하는 작업이 훌륭하다는 생각이 들었다. 수공예품에서 사람의 체온과 따뜻한 정감이 느껴졌다. 어릴 때 본 레이스와 비슷한 것을 보니 반가웠다.

고정관념을 깨는 유리공예-무라노섬

여행은 고정관념이 깨지는 순간을 경험하게 한다. 유리공장 안은 뜨거운 열기로 가득했다. 긴 쇠파이프 끝부분을 입에 대고 바람을 불었다. 파이프 끝에 있는 유리 덩어리가 조금씩 부풀어 오른다. 파이프를 돌리면서 세게 불었다. 빙글빙글 돌면서 모양이 잡혀가더니 일그러졌다. 제대로 된 작품을 만들려면 숙련된 기술이 필요하다. 신기하고 재밌었다. 유리 하면 창문과 유리병만 생각했었는데, 여러 가지 예쁜 색깔을 한 유리공에 작품 하나하나에 탄성이 나오게 할 만큼 신기하고 놀라웠다.

아내와 효은이에게 유리공예 체험을 직접 하게 하고 제작 공정을 보여주면서 내가 경험한 감정을 느끼게 하고 싶었다. 무라노섬 선착장에 내리자마자 유리공장으로 발걸음을 재촉했다. 베네치아와 부라노섬에 비해 사람이 없어 한적하다. 체험할 수 있는 유리공예 공장 문이 닫혔다. 아쉬웠다. 공장 안에 무엇이 보일까 싶어 손을 모으고 창문 안을 보았다.

아침부터 두칼레궁전과 부라노섬을 부지런히 다녔다. 무라노섬 유리

공예 체험까지는 하루의 시간이 부족했다. 무라노섬은 세계적으로 유리 공예가 유명하다. 10세기부터 유리와 크리스털 생산의 중심지다. 크리스털은 두드리면 경쾌한 소리가 난다. 맑고 투명해서 수정과 같다고 한다. 생활 속에 사용하는 보석으로 불리는 유리 제품이다.

무라노섬에는 전통 방식으로 유리 제품을 제작하는 공방이 곳곳에 있다. 1291년 베네치아 정부가 유리공예 기술이 외부로 유출되는 것을 막기 위해 장인과 공장을 무라노섬으로 이주시켰다. 16세기에는 작은 섬에 3만여 명이 거주할 만큼 최고의 전성기를 누렸다.

그동안 여러 도시에서 유리공예 작품은 많이 보았다. 볼 때마다 감탄하고 매료된다. 가게에는 크고 작은 크기와 다양한 형태를 한 유리 세공품들을 판매한다. 어떻게 저렇게 화려한 색을 낼 수 있는지 놀랍다. 유리공예의 성지라고 하는 무라노섬에서 보니 달리 보였다. 사고 싶은 욕구를 불러일으킨다. 선착장에서 베네치아로 돌아가는 배를 기다리며 닭 다리를 맛있게 뜯었다.

배우 유해진 씨와 악수했다

"여행을 떠날 각오가 되어 있는 사람만이 자기를 묶고 있는 속박에서 벗어날 수 있다."

- 헤르만 헤세(1877~1962년)

하늘이 형형색색 파스텔 톤으로 물들어간다. 서서히 핑크빛 노을이

진다. 석양은 공기가 맑은 곳일수록 환상적인 색의 향연을 보여준다. 구름이 멋있어야 황혼의 축제가 풍성하다. 솜사탕 같은 뭉게구름이면 더할 나위 없다.

아드리해 위에 떨어지는 태양은 붉다. 석양을 바라보는 내 마음은 몰랑해진다. 여행자의 감성을 자극한다. 바다색이 시시각각으로 변한다. 짭조름한 바다 냄새가 추억을 소환한다. 바닷바람은 어느 곳에서 불어오는 것일까? 바다에서 보는 풍경은 육지에서 보는 것과는 다르다.

선착장에 도착했다. 베네치아 맛집을 검색해두었다. 어떤 요리가 우리를 행복하게 할지 기대된다. 베네치아 좁은 골목길을 걷고 있다. 땅거미가 깔려 어둑어둑한 관광지의 골목길은 흥미롭다. 활기차고 밝던 가게들은 하나둘 문을 닫는다. 맞은편 10m 앞에서 배우 유해진 씨가 한 사람과 같이 걸어오고 있다. 영화와 예능 프로에서 본 얼굴 그대로다.

"어, 이럴 수가….”

"안녕하세요. 반갑습니다.”

"여행 오셨나 봐요?”

"네. 유해진 씨 팬입니다.”

"하하, 감사합니다. 즐거운 여행 되세요.”

특유의 표정과 억양이 낯설지 않다. 순식간에 일어난 일이다. 조금 앞장서 걷던 효은이는 유해진 씨를 보고 아빠에게 이야기하려고 뒤를 돌아보니, 벌써 두 사람이 인사하고 악수하고 있어서 놀랐다고 했다. 돌이켜 생각해보니 뜻밖의 일이어서 사진을 같이 찍지 못한 것이 아쉬웠다. tvN에서 방영하는 〈스페인 하숙〉에서 유해진 씨를 볼 때마다 만나기 전보다 더 친근감이 들었다. 악수한 손을 다시 쳐다보았다.

이국적인 베네치아의 밤이 깊어간다.

플릭스 버스 예약과 결제

"카드 잔액이 ○○유로밖에 없어서 결제를 대신 못 해주겠어요. 미안해요."

아침 식사를 빨리 끝내고 로비에 있는 컴퓨터로 류블랴나로 가기 위해 플릭스 버스를 예약했다. 결제하려는데 카드 결제가 안 된다.

"웬일? 지금까지 카드 결제를 했었는데, 무슨 문제지?"

처음부터 다시 예약자 정보와 카드 정보를 입력했다. 카드 결제가 안 되는 이유를 알 수가 없어 답답했다. 잔여 좌석 수가 점점 줄어드는 만큼 내 속도 타들어 갔다. 오늘 류블랴나에 못 가면 곤란하다. 예약한 호스텔에 선결제된 돈을 날리게 된다. 그다음 일정도 계속해서 차질이 생긴다. 체크인할 때 친절하게 안내한 매니저에게 가서 도움을 청했다. 그녀가 컴퓨터가 있는 곳에 와서 직접 다시 입력했다. 역시 안 된다. 그녀는 친절하고 상냥했다. 조심스럽게 물었다.

"혹시 당신 카드로 버스 요금을 결제하고 현금으로 당신에게 드리면 안 될까요?"

"네. 그렇게 해볼게요."

그것마저 안 되는 상황이다. 난감했다. 오전 시간이 안타깝게 흘러가고 있다. 옆에 앉아 있는 여행자에게 내 사정을 말했다. 그녀는 플릭스 버스가 카드 결제가 안 될 때가 많다면서, 페이팔로 결제해보라고 했다. 페이팔은 부다페스트에서 여행자가 플릭스 버스를 결제할 때 편하다는 이야기를 들었었다. 앱을 설치했는데 영어가 아니고 키릴문자로 되어 삭제했었다.

앱이 깔렸다. 영어다. 현지 언어로 설치되는 것인가? 가입했다. 스마트폰에서 페이팔로 결제했다. 이렇게 내 힘으로 해결이 안 될 때는 주변 사람의 도움으로 되는 경우가 있다. 금쪽같이 소중한 아침 3시간 동안 애쓴 결과다. 고생했지만 류블랴나로 갈 수 있다는 생각에 안도감이 들었다. 휴~! 다행이다. 아내와 효은이가 수고했다며 엄지 척 해 주니 기분이 좋다. 도움을 준 매니저에게 기념품과 프런트에서 같이 일하는 동료들과 나누어 사용하라고 마스크팩 3개를 주니 엄청나게 좋아했다.

자투리 시간도 아까운 것이 여행이다

여행지에 와서 시간을 무의미하게 보내면 아깝다. 휴양하러 온 것이 아니기 때문이다. 오후 1시에 류블랴나로 간다. 이른 아침에 버스 타고 아드리드 바다 위에 건설한 긴 다리를 건너 8㎞ 떨어진 어제 그 자리에 도착했다. 시원한 아침 바닷바람이 우리를 맞이한다. 잔잔한 운하는 바포레토에 의해 물결이 출렁인다. 운하에서 고풍스러운 건물들을 보는 것은 육지에서 보는 것과 다르다. 어디서 보는가에 따라, 눈높이에 따라 보는 느낌이 다르다.

조용한 아침, 사람이 없는 베네치아를 다시 한번 더 둘러보는 것도 괜찮다. 텅 빈 산마르코광장은 아침의 고요함으로 가득하다. 수백 년 동안 광장은 매일 같으면서 다른 하루를 맞이하고 온종일 분주하게 보낼 것이다. 몇 번 온 사람이 얼마나 될까? 선착장에 정박한 곤돌라들은 이불을 덮고 아직 깊은 잠에 빠져 있다. 갈매기들은 기둥 위에 앉아 졸거나 먹이를 찾고 있다. 여행자의 하루가 시작되었다.

산마르코 대성당은 828년 이집트 알렉산드리아에서 성 마르코의 유골을 가져와 납골당으로 건축한 성당이다. 11세기 말에 로마네스크 양식과 비잔틴 양식의 건축으로 재건되었다. 성당 문 위의 아치형 금빛 모자이크화가 변함없이 아름다웠다. 바닥과 벽에는 예수 그리스도와 마르코의 생애를 그린 모자이크화가 있다. 유럽은 기독교와 밀접한 관계가 있다.

냉장고에 넣어둔 식재료가 없어졌다

넓은 주방에는 대형 냉장고 두 대가 마주 보고 있다. 세계 각국에서 온 여행자들의 취향을 담은 식재료들이 가득 들어 있다. 어제저녁에 슈퍼마켓에서 오늘 아침에 해 먹을 재료를 구입해서 냉장고에 넣었다. 요리해서 맛있게 먹을 생각으로 냉장고를 열었다.

"헐!" 커다란 냉장고 안은 텅텅 비었다.

"아니, 이럴 수가! 놀랍도다."

이게 무슨 일이지? 프런트에 가서 매니저에게 물었다.

"냉장고가 텅 비었어요."

"아마 청소하는 사람이 치웠을 거예요."

"아니, 왜요? 주인 허락도 없이 왜 버렸나요?"

"냉장고 앞에 금요일이라고 적어놓은 것을 못 보셨나요?"

"언뜻 본 것 같아요. 그것이 무슨 뜻인데요?"

"냉장고에 음식이 가득 차서 매주 금요일에 냉장고를 비운다는 뜻입니다."

재료를 넣어둔 냉장고 문에 'Friday', 맞은편 냉장고에는 'Tuesday'가

적힌 종이가 붙어 있었다. '금요일에 무슨 행사를 하나?'

금요일에는 우리가 여기 없기에 대수롭지 않게 생각했었다.

'그게 그 뜻이었구나. 왜 그때 물어보지 않았을까?'

자책해도 소용없다. 다 지나간 일이다.

"체크인할 때 냉장고에 음식을 금요일에 버린다는 설명을 해주었으면 좋았을 텐데…. 그 음식들이 어디 있나요?"

"청소하는 사람이 새벽에 치워서 쓰레기 수거차가 가져갔을 거예요."

"왜 아까운 음식을 버리나요? 이런 중요한 일은 체크인할 때 설명을 해주셔야지요."

"…"

"음식을 잃어버린 여행자들이 항의를 많이 하지 않았나요?"

"…"

어제저녁에 오토바이로 여행하는 중년 남자를 만났다. 그는 산간 지방에서 비싼 송로버섯을 저렴하게 구입했다면서 좋아했었다. 물론 냉장고에 넣어둔 송로버섯도 없어졌다. 아저씨는 얼굴이 붉으락푸르락해져서 프런트로 갔다.

많은 여행자의 음식물이 쌓여서 처리한다고 하지만 너무했다. 화요일과 금요일에 음식을 치운다고 설명을 해야 하지 않겠는가? 식재료와 우유는 안타깝게 사라졌지만, 싱크대 위에 둔 감자는 남아 있다. 삶아서 소금에 찍어 커피와 먹었다.

9. 슬로베니아

교통경찰에게 2시간 넘게 붙잡혔다

출발 20분 전에 버스 승강장에 도착했다. 류블랴나로 가는 버스가 도착할 시간이 지났음에도 오지 않는다. 실내가 아닌 그늘이 없는 길거리에서 뜨거운 햇살과 아스팔트 열기를 온몸으로 받으며 기다린다. 다른 지역으로 가는 버스들은 도착해서 승객을 싣고 떠났다. 30분, 50분…. 서서히 짜증 나기 시작했다. 그때 플릭스 버스회사 직원이 나타났다.

"하이, 류블랴나로 가는 버스가 왜 이렇게 안 옵니까?"

"류블랴나로 가는 버스가 1시간 연착입니다."

버스가 온다는 말이 반갑게 들렸다. 오지 않고 온다니, 기다리면 된다. 1시간 40여 분이 지나고 있다. 초록색 바탕에 주황색 무늬가 그려진 플릭스 버스가 도착했다.

"이제 류블랴나로 갈 수 있겠다."

이탈리아 국경을 넘고 슬로베니아를 달린 지 얼마 되지 않아 교통경찰에게 붙잡혔다. 운전기사가 내렸다. 시간이 계속 흘러 쌓여가고 있다. 1시간, 2시간…. 현재 상황에 관해서 이야기하는 사람이 없다. 승객 중 누구도 불평하거나 화내는 사람이 없다. 무작정 기다린다. 인내심이 대단한 것인지, 멍청한 것인지 이해할 수가 없다. 1시간 전부터 꾹 참고 있던 방광이 터지려고 한다. 버스에서 내렸다. 내가 내리니 몇 사람이 따라 내렸다. 시원하게 해결하고 나니 살 것 같았다. 경찰차로 갔다.

"무슨 일 때문에 이렇게 오래 기다리게 합니까?"

"다 되어 갑니다. 차에 가서 기다리세요."

뭐가 다 되어 간다는 것인지 설명하지 않는다. 교통법규 위반 때문만은 아닌 것 같다. SUV 경찰차 안에 있는 컴퓨터로 조회를 하고, 무엇인가를 기다리는 것 같았다. 짐작건대 버스 등록에 무슨 문제가 있는 것 같다.

"호텔 체크인 시간이 얼마 남지 않았습니다. 호텔 직원이 퇴근하면 호텔에 숙박하지 못합니다. 당신이 책임질 건가요?"

"다 되어 갑니다."

"시간이 없습니다. 빨리 보내주세요. 당신 나라에 찾아온 외국인에게 이렇게 장시간 불편을 주면 되겠습니까?"

"알았습니다. 다 되어 갑니다. 버스로 돌아가서 기다리세요."

"부탁합니다. 빨리 출발하게 해주세요."

2시간 넘도록 지루한 기다림 끝에 드디어 버스가 출발했다. 이제 속력을 내는가 생각했다. 30분가량 달리다가 휴게소를 지나 버스를 다시 세운다.

"이왕 세우려면 휴게소에 세우면 좋을 텐데."

운전기사가 서류 뭉치를 들고 내렸다. 30분이 지나도 오지 않는다. 몇 사람이 내려 담배를 피운다. 보조 기사는 조금 있으면 기사가 올 거라고 말했다. 그 역시 현재 상황에 관해서 잘 모르고 있는 것 같았다. 버스 회사에 상황 보고를 하러 간 것 같다. 결국 예상 시간을 훨씬 넘긴 밤 11시 넘어서 류블랴나에 도착했다. 버스는 인적 없는 길거리에 멈추었다. 승객들은 피곤한 몸을 일으켜 짐을 챙겨 내렸다. 몇 사람은 운전기사에게 수고했다고 말했다.

기숙사에 12시 넘어서 도착했다. 프런트에 직원과 교내 아르바이트하는 대학생이 있다. 우리 방은 4층이다. 무거운 트렁크는 작은 엘리베이터를 사용할 수 있어 편했다. 땀으로 젖은 몸과 피곤한 마음을 샤워하고 침대에 누웠다. 피곤한 하루였다. 만약 직원이 퇴근하고 없는 호스텔에 예약했더라면 어떻게 되었을까? 노숙할 뻔했다. 생각만 해도 아찔하다. 예약한 곳이 대학 기숙사라서 정말 다행이다. 힘들었지만 감사한 하루였다. 이내 깊은 잠에 빠졌다.

대학 기숙사라서 다행이다

햇살이 유리창을 살며시 두드렸다. 창문을 열었다. 상쾌한 아침 공기가 방 안으로 들어와 얼굴을 부드럽게 어루만진다. 아내와 효은이는 단잠을 자고 있다. 이름 모를 새들이 우리를 환영한다는 듯 지저귄다. 세수하고 1층으로 내려갔다.

여행자와 학생들은 아침 인사를 하고 식사를 즐겁게 하고 있다. 호텔과는 다르게 젊은 분위기다. 넓은 식당 한쪽에 음식이 차려져 있다. 싱싱한 과일, 따뜻한 수프와 요리, 신선한 우유가 있다. 아침 식사가 좋다는 후기를 읽었는데, 기대 이상이어서 마음에 들었다.

대학교에 오랜만에 오니 왠지 청춘으로 돌아간 듯했다. 기숙사는 층마다 주방, 샤워실, 화장실이 양쪽으로 있어 사용하기 편리했다. 주방에는 냉장고, 가스레인지, 전자레인지, 전기 포트를 비롯하여 요리할 수 있는 주방 기구가 있다. 기숙사에 이런 시설이 있으면 편리하고 좋겠다. 세상의 이치가 그렇다. 새옹지마. 좋은 점이 있으면 나쁜 점이 있다. 나쁜 일이 있으면 좋은 일도 있다. 그래서 일희일비할 필요가 없다. 그렇게 살려고 한다. 어제는 힘들었으니 오늘은 좋은 일이 생길 것이다.

<흑기사> 촬영지 블레드성

아침 식사 후 류블랴나 중앙역 앞에 있는 버스 터미널에 도착했다. 블레드까지 편도 7유로, 왕복 12.84유로다. 당연히 왕복표를 끊었다. 1시간 30분을 달려왔는데, 거의 다 와서 30분가량 정체되었다. 사람들이 많이 오는 것 같다.

알프스 서쪽에 있는 작은 마을 블레드는 푸른 산이 호수를 둘러싸고 있어 자연경관이 아름답다. 마을 입구에 있는 여행 안내소에서 블레드 지도를 받았다. 자원봉사자에게 성으로 가는 길의 안내를 받은 후 걸었다. 태양이 하늘 가운데서 기세 좋게 뜨거운 열기를 뿜고 있다. 그늘이 없어서 햇볕은 덥고 따가웠다. 동화처럼 쏟아지는 햇살은 옷을 다 벗길 기세다. 슈퍼마켓에 들러 시원한 생수로 갈증을 해소하고 새 힘을 얻었다.

"목마름에는 시원한 물이 최고다."

키보다 작은 포도밭이 넓게 펼쳐졌다. 와인이 맛있을 것 같다. 여기에서 생산되는 와인은 어떤 맛일까? 양과 염소들이 사이좋게 이곳저곳에서 한가롭게 풀을 뜯고 있다. 효은이가 철조망에 전기가 흐른다고 말했다. 몇 마리가 찌릿한 전기 맛을 보았을까? 효은이도 맛본 것 같다.

언덕길을 한 구비 돌아가니 블레드성이 보였다. KBS2에서 방영된 드라마 <흑기사> 첫 회에 나오는 그림 같은 풍광에 매혹되어 바로 검색했었다. 슬로베니아에 있는데, 유럽에서 아름답기로 알려진 블레드성이었다. '동화 속 여름 호수의 마을', '율리안 알프스의 보석', '동유럽의 스위스', '알프스의 눈동자', '슬로베니아의 보석' 등 애칭이 많다. 별명이 많다는 것은 그만큼 많은 사람에게 관심과 사랑을 받고 있다는 증거다. 블레드가 어떤 곳인지 짐작이 된다.

주변 경치에 감탄하며 사진 찍으며 30여 분 걸었다. 깎아지른 가파른 절벽 130여m 위에 있는 블레드성에 도착했다. 1004년부터 짓기 시작하여 18세기에 지금의 모습을 갖추었다. 천 년 동안 멋진 성은 이곳에 자리하고 있었다. 입장료는 어른 11유로, 학생은 7유로다. 입장료가 있어서 그런지 생각보다 사람은 많지 않다.

성에서 본 호수는 에메랄드빛으로 그림 같은 풍광이다. 호수는 거울처럼 잔잔하다. 한눈에 다 들어온다. 길이 2,120m, 폭 1,380m, 수심 30m다. 김일성 주석도 티토와 정상회담이 끝난 후 블레드 호수의 아름다움에 반해 2주나 더 머물렀다고 한다. 필리핀 따가이따이에 있는 따알화산이 떠올랐다. 크기와 모양은 다르지만, 호수 가운데 섬이 닮았다. 시원한 바람이 땀을 식혀준다. 〈흑기사〉 드라마 장면을 떠올리며 블레드성 성안을 천천히 둘러본다. 이곳에서는 중세시대에 입던 옷이 잘 어울릴 것 같다. 금발 머리를 질끈 동여맨 인쇄소와 철물점 아저씨는 그당시 작업할 때 입던 옷을 입고 작업하고 있다.

가장 오래된 박물관

성은 수백 년 세월의 흐름에 따라 개·증축을 했다. 로마네스크, 고딕을 비롯하여 시대별로 다양한 건축양식을 볼 수 있다. 두꺼운 벽에 오래된 나무 창틀이 정겹다. 그림같이 잔잔한 에메랄드 호수가 보인다. 슬로베니아에 있는 자연호수 중에서 가장 크다. 빙하 활동으로 만들어졌다. 흰 눈이 쌓인 겨울 설경은 어떤 풍경일까? 〈겨울왕국〉에 나오는 설국이 아닐까 생각한다. 상상만으로도 설렌다.

박물관은 천년의 역사를 가진 슬로베니아에서 가장 오래되었다. 청동기 시대부터 블레드 역사, 지리, 생활에 사용한 유물들을 전시하고 있다. 이곳에 살았던 사람들을 모형으로 만들어 실감이 났다. 한쪽 벽에는 호수와 마을의 변천사를 그림으로 그렸다. 이해하기 쉬웠다. 와인에 관해 설명하는 양조장 아저씨는 넉넉한 배에 수도사 복장이다. 예상대로 이곳 와인이 제일 좋다고 자랑한다.

"안녕하세요?" 하고 인사하는 청년은 선대부터 대장간을 지키고 있다. 상상의 '용' 작품들이 많다. 슬로베니아 건국 신화에 용이 등장한다. 용띠인 나는 관심을 가지고 유심히 보았다. 날개 달린 용이 하늘을 나는 모습을 상상했다. 용은 동양에서는 신비롭고 경이로운 존재지만 서양은 그렇지 않은 것으로 알고 있었는데 의외다. 기념으로 하나 살까 하면서 만지작거렸다.

작은 성당은 16세기에 지은 바로크 양식의 기도실이다. 안은 스테인드글라스 없이 소박하다. 연한 붉은색의 성화가 인상적이다. 호수는 쏟아지는 햇살을 받아 에메랄드빛이 더욱 선명해졌다. 앙증맞게 작은 블레드 섬이 어디서든지 눈길을 사로잡는다. 반대편에는 초록 옷을 입은 나무들이 빽곡한 산이 있다. 햇살과 바람이 낯설지 않다. 이곳에 사는 사람들은 아름다운 풍광을 매일 보아 좋겠다. 멋진 풍광을 보면서 식사하려고 레스토랑 의자에 앉았다. 이 지역 특산품 요리는 뭘까? 메뉴판을 보며 주문하려고 웨이터를 불렀다. 웨이터는 예약한 손님만 이용할 수 있다고 했다.

성 마틴 교회를 보면서 드는 생각

블레드성을 구경하고 호수 쪽으로 내려오는 오솔길을 걸었다. 처음 걷는 길은 신선하다. 굵고 높은 나무가 많다. 연녹색 나뭇잎 사이로 햇살이 쏟아진다. 새들의 지저귐과 다람쥐의 익숙한 몸놀림이 반갑다. 호수가 가까워지면서 사람 소리가 들린다. 아이들의 웃음소리와 재잘거림이 경쾌한 노래 같다. 세계 어디를 가도 아이들은 보면 미소가 절로 피어난다. 존재만으로도 귀하다.

종탑과 본당이 먼저 보이더니 순백의 성 마틴 교회가 나타났다. 모자이크 타일로 된 지붕이 특이했다. 유럽은 성당이 많이 있는데, 교회는 드물어서 더 반가웠다. 성 마틴 교회는 1905년에 네오고딕 양식으로 건축했다. 유럽 여행은 다양한 건물들을 보게 된다. 시대별로 유행한 건축양식을 체계적으로 분류하고 사진을 보면서 특징을 알고 싶다.

정원에는 십자가에 달리신 예수님 조각상이 있다. 기대 없이 문을 열고 들어가는 순간 놀랐다. 햇살이 스테인드글라스를 통해서 교회 내부를 환하게 비추고 있다. 자연과 인간의 작품이 어우러진 빛의 향연에 감탄사가 나왔다. 강대상이 있는 앞쪽에는 황금색으로 빛이 났다. 뒤편 스테인드글라스에 있는 성인들이 함께하는 것 같다. 벽과 기둥에는 〈최후의 만찬〉을 비롯한 성경 이야기를 그린 프레스코화가 있다. 그 당시의 상황을 상상했다. 전체적인 분위기가 화려하면서 엄숙했다.

교회는 많은 시간과 공을 들였으리라고 미루어 짐작할 수 있다. 건축하는 사람들도 믿음을 가지고 정성을 기울였을 것이다. 이곳 역시 뒤편 2층에는 파이프 오르간이 멋지게 자리하고 있다. 동유럽 여행을 하면서 여러 도시에서 파이프 오르간 연주를 들었었다. 파이프 오르간마다 음색이 다른 것 같다. 경건한 마음으로 옷깃을 여미고 감사 기도를 드렸다.

달콤한 크렘나 레지나를 맛보았다

오전에 블레드에 거의 도착해서 30여 분 정체되었다. 많은 사람이 와서 붐비겠다고 생각했다. 블레드성 안은 생각보다 사람이 많지 않았다. 그 많은 사람은 어디에 있을까? 궁금했는데 호수에 내려와서 알았다. 수백여 명의 사람이 호수 부근에서 각자의 시간을 즐기고 있었다. 호수는 맑고 깨끗했다. 수영을 즐기거나 잔디에서 음식을 먹으며 이야기를 하고 있다. 날씨가 좋아 사람들의 표정이 밝고, 곳곳에서 웃음꽃이 활짝 피었다.

오리들은 물고기들과 장난치는지 물속을 들어갔다, 나왔다 한다. 호수를 따라 걷는데 사람이 유독 많이 모여있는 곳이 있다. 온천수가 나온다고 한다. 많은 사람들이 온천을 즐기고 있다. 물은 미지근했다. 수영복을 가지고 왔으면 잠시나마 온천욕을 즐길 텐데 하는 아쉬운 마음이 들었다. 여자들은 나이와 체형과는 상관없이 비키니를 입었다. 어색하지 않고 자연스럽다. 중세시대에는 비키니가 없었을 텐데 어떤 옷을 입고 수영했을까? 수영복을 입고 즐거워하는 사람들이 자유로워 보였다. 사람들의 얼굴도, 호수도 햇살을 받아 반짝였다.

마음에 드는 레스토랑을 찾느라고 점심 식사 시간이 많이 지났다. 배가 고프다. 호수와 블레드성이 한눈에 보이는 유명한 레스토랑에 갔다. 분위기 있고 규모가 크다. 빈자리가 없다. 자리를 찾기 위해 두리번거리는데 호숫가 테이블에 앉아 계신 할아버지께서 손짓하셨다. 식사를 마치고 계산을 기다리는 중이라면서 이 자리에 앉으라고 하셨다. 노부부는 여행 중이시란다. 보기 좋았다. 나의 노후를 보는 것 같다.

블레드 상징으로 유명한 전통 케이크 '크렘나 레지나'를 주문했다. 슬로베니아식 바닐라 크림 케이크다. 7㎝ 크기에 정사각형이다. 무슨 이유일까? 유래가 있을 것 같다. 제일 위에는 바삭한 과자다. 중간은 부드러운 크림이고, 아래는 촉촉한 카스텔라다. 뷔페 가면 디저트로 즐겨 먹는 스펀지케이크와 맛이 비슷했다.

조금 전에 다녀온 블레드성을 보면서 적당한 달콤함에 빠졌다. 여행하면서 그 지역에서 유명한 음식을 먹는 것은 또 다른 별책 부록이다. 처음 보는 음식을 먹으면서 생활과 환경에서 오는 식생활의 차이점을 생각하면 재밌다. 예쁜 그림과 손글씨로 쓴 메뉴판이 귀엽다.

이제 돌아가야 할 시간이다. 류블랴나로 가는 버스 시간 전에 도착하기 위해 정류장으로 부지런히 걸었다. 간간이 뒤를 돌아보며 그림같이 평화로운 풍광을 눈과 마음에 담는다. 오늘도 즐거운 여행 중이다.

사랑한다, 류블랴나

슬로베니아가 동유럽 어디에 있는지 이번에 확실히 알았다. 파울루 코엘류의 소설 『베로니카, 죽기로 결심하다』의 배경이다. 1998년에 출간한 이 소설은 1991년에 독립한 슬로베니아를 알리는 역할을 했다. 류블랴나는 슬라브어로 '사랑한다.'라는 의미다. 도시 이름 중에 이보다 더 사랑스러운 이름이 떠오르지 않는다. 사랑하는 것은 가슴 뛰며 설레는 일이다. 이곳에 살면 사랑하게 될까?

류블랴나는 슬로베니아의 수도로서 문화, 경제, 정치의 중심도시다. 옛 유고 연방국가 가운데 경제적으로 가장 발달한 도시다. 야트막한 산들로 둘러싸여 있고, 나무가 많은 작은 전원도시다. 오래전부터 대학도시로 발달하여 지적인 분위기가 느껴졌다. 하이델베르크, 케임브리지, 옥스퍼드 캠퍼스에서 머리카락을 휘날리며 자전거 타고 지나가던 여대생이 생각났다. 천 년이 넘는 세월 동안 여러 민족에게 침략을 받았다. 아픔의 상처가 국민의 마음속에 생채기가 되어 남아 있을 것이다. 그런데도 다양한 문화를 배척하지 않고 조화롭게 살고 있다. 포용력과 이해심이 많은 국민이다.

용의 다리는 폭이 넓지 않은 류블랴니차강 위에 있다. 1819년에 건설했는데 1901년에 철근 콘크리트로 재건설했다. 아르누보 양식이다. 중세 유럽에서 세 번째로 긴 아치형 다리다. 길이가 약 33m이다. 다리 귀퉁이에 앉아 있는 용 4마리 동상은 류블랴나를 상징한다. 용이 날개를 달았다. 영화에서 본 비룡이다. 동양의 용은 날개가 없어 하늘을 나는 것이 조금 이상한데, 날개가 있으니 이해가 된다. 상상의 동물이기 때문에 환경에 따라 용의 형상이 다른 것 같다.

보든 코브광장은 용 다리 오른쪽에 있다. 월요일부터 토요일까지 류블랴나에서 가장 큰 시장이 열린다. 직접 재배한 신선한 채소와 과일을 비롯하여 다양한 공산품이 있다. 살 만한 것이 있을까 보았지만, 마음에 드는 것이 없다. 여행의 즐거움 가운데 하나는 현지인들의 생활을 볼 수 있는 시장 구경이다. 흥겨운 음악이 끊이지 않고 활기찬 상인들의 소리가 경쾌하다.

류블랴나의 중심인 프레셰르노브광장에 왔다. 아이들이 분수에서 떨어지는 물을 온몸으로 맞으며 흥겹게 노는 모습이 귀엽고 보기 좋다. 그래, 마음껏 놀 수 있을 때 놀아라. 광장 한쪽에서는 자전거 동호회에서 행사한다고 시끌벅적하다.

'나도 자전거 타는 것 좋아하는데…'

도심을 가로지르는 류블랴나차강을 따라 분위기 있는 카페들이 이어져 운치를 더해준다. 땅거미가 지는 강은 사람의 마음을 가라앉게 하는 묘한 마력이 있다.

성 니콜라스 대성당은 13세기에 고딕 양식으로 건축했다. 성 니콜라스의 생애가 담긴 천장화가 눈길을 사로잡는다. 목재 파이프 오르간에서 역사를 느낀다. 목재 파이프는 어떤 음색과 화음으로 듣는 사람의 마음을 감동시킬지 궁금하다. 나무에서 나는 소리는 금속보다 더 호소력이 있어 심금을 울린다. 자연에 가까우며 토속적인 소리에 정감이 느껴진다. 중세와 현대가 잘 어우러진 조용한 도시여행은 계속된다.

우체국에서 엽서 보내기

여행지에서 누군가를 생각하며 엽서를 쓰면 기분이 좋아진다. 편지지 1/3 크기에 간결한 문체로 마음을 담았다. 여행하면서 느낀 감정과 여행지의 흔적이 살짝 묻어 전달되기를 바랐다. 인터넷이 발달하여 어디서나 SNS에 소식을 전하기 쉬운 세상이다. 반면에 손으로 꾹꾹 눌러쓴 편지를 쓰기도 받기도 어렵다. 이 엽서를 받고 기뻐할 사람들을 떠올리니 흐뭇하다. 엽서 한 장, 한 장 가득 채우니 뿌듯하다.

여행을 응원하며 후원해주신 고마운 분들과 소식을 전하고 싶은 분들의 얼굴을 떠올렸다. 첫 엽서는 이스탄불에서 쓰고 부다페스트에서 부쳤다. 생애 처음 외국에서 받는 엽서라는 사람들이 많고, 좋아했다. 카카오스토리와 블로그에 올렸다. 나의 작은 정성이 받는 사람들에게 기쁨을 주었다고 생각하니 흐뭇했다.

4번째 엽서를 보내기 위해 기숙사에서 먼저 출발하며 1시간 후에 기차역에서 만나기로 했다. POSTA에 도착했다. 묵직한 유리 현관문을 여는데 닫혀 있다.

"어랏! 이럴 수가…."

전혀 예상하지 못한 돌발 상황이 발생했다. 손잡이에 걸려있는 작은 팻말에 '평일 08:00~19:00 & 토요일 08:00~12:00', '점심시간 11:30~14:00'라고 적혀 있다. 점심시간을 2시간 30분이나 하면서 문을 닫다니! 우리나라 우체국 직원은 점심시간에 번갈아 가면서 짧게 식사한다. 자리에 없을 때 다른 업무를 보는 사람이 우편 업무를 대신해준다.

여기서 기다릴 수 없다. 기차역으로 가는 길에 우체국을 본 것이 기억났다. 한낮의 뙤약볕에 부지런히 걸었다. 배낭 무게가 더해져 땀이 비 오듯이 쏟아졌다. 이곳 역시 문이 닫혔다. 문 앞에서 30여 분을 기다렸다. 우체국 안에는 직원이 왔다 갔다 하면서 이야기를 하고 있다. 문을 두드리며 문 열어달라고 말했다. 직원은 시계를 가리키며 아직 시간이 안 되었다며 열어주지 않았다. 참 이성적이다. 자그레브 가는 기차 시간이 다가와서 기다리다가, 결국 엽서를 부치지 못하고 기차를 탔다.

10. 크로아티아

중세 건물 아파트-자그레브

5시 20분, 자그레브에 도착했다. 창구에서 모녀가 여행 스케줄로 실랑이를 벌인다. 다 큰 딸의 어이없어하는 표정이 재밌다. 동행자가 있는 여행은 의견이 다를 때가 있다. 한 사람이 양보하면 원만하게 지나간다. 예약한 아파트 방향을 파악하고 나오니 중앙우체국이 보였다. 7시까지 근무한다. 이것은 마음에 든다. 우리나라는 4시 30분까지 발송해야 해서 책 배송할 때 바빴다. 천장이 높고 인테리어는 박물관을 연상할 만큼 품위가 느껴졌다. 우편요금이 루블랴나보다 저렴하다. 돈 굳었다. 전화위복. 나라마다 우푯값이 다른 것도 재밌다. 예전 같았으면 우표를 샀을 것이다.

크로아티아는 아드리아해 북동쪽에 있다. 면적은 한반도 1/4 크기이며. 인구 약 500만 명이다. 화폐 단위는 쿠나를 사용하므로 환전을 다시 해야 한다. 생각보다 역사가 오래전인 9세기부터 시작된다. 유고슬라비아 6개 공화국에 속해 있다가 1991년에 독립했다. 778㎞의 아드리아 해변을 따라 도시 곳곳에는 세계문화유산이 많다. 아름다운 도시들은 tvN에서 방영한 〈꽃보다 누나(2013년 11월~2014년 1월)〉를 통해 알려졌다.

자그레브는 크로아티아의 수도다. 면적이 작아서 소도시 느낌이다. 아파트는 최대 번화가이며 문화의 중심지인 반젤라치크광장 가까이에 있다. 기차역에서 걸어서 20분 거리다. 번화가라는 생각이 들지 않게 현대식 건물이 없다. 주소로 찾아가니 그곳은 사무실이다. 예약을 확인하고 체크인했다. 매니저를 따라 다시 거리로 나왔다. 2차선의 도로 좌우편으로 오래된 중세 건물들이 열병식 하는 것 같다.

두꺼운 철문을 열고 들어가니 반질거리는 높은 계단이 보인다. 옛날 사람들은 키가 컸었나? 실내는 깨끗하게 리모델링되었다. 숙박과 요리가 편리하게 잘 갖추어져 있다. 커다란 창문에는 두툼한 이중 커튼이 달렸다. 햇빛과 소음을 차단하기 위한 것 같다. 매니저는 아파트 사용하는 방법을 설명하고 갔다. 침실에 있는 더블베드의 쿠션이 좋아서 편안하게 잠잘 것 같다. 주방 전등을 켰다. 불이 켜지지 않았다. 확인해보니 필라멘트가 끊어졌다. 현관에 있는 전구로 바꾸었다.

피곤하여 쉬고 싶었지만, 지금 이러고 있을 시간이 없다. 여행사 문 닫을 시간이 다 되어가기 때문이다. 가면서 먼저 아파트 사무실에 들렀다.

"전구가 깨어졌습니다. 새 전구로 바꾸어주세요."

"아, 그래요? 미안합니다. 지금 가서 바꾸어드리겠습니다."

"수고스럽게 오실 것은 없고, 전구 주시면 제가 갈아 끼우겠습니다."

"오, 직접 하실 수 있나요?"

"Piece of cake."

"Thank you very much."

반젤라치크광장 부근에 있는 여행사에 찾아갔다. 시외버스터미널에 가서 승차권을 직접 끊어야 한단다. 버스 터미널의 위치와 시간표를 받았다. 마음에 여유가 생기니 광장이 눈에 들어오기 시작했다. 광장은 다른 수도에 비해 넓지 않다. 건물들의 부조와 색이 예쁘다. 광장 옆으로 지나가는 진한 청색의 트램이 이채롭다. 거리에 오가는 사람들의 옷차림과 표정이 다른 나라와 조금 다른 것 같다. 저녁 햇살이 광장과 주변의 고풍스러운 건물들을 붉게 물들이고 있다. 형형색색의 네온사인들이 켜지니 거리가 다시 화려해졌다.

매니저에게 소개받은 맛집에 갔다. 60대 초반으로 보이는 웨이트리스가 자리를 안내하고 주문을 받았다. 친절하고 호의적이었다. 크로아티

아 전통 요리를 추천해주고, 먹는 방법을 친절하게 설명해주었다.

- 372쿠나 × 174원 = 64,728원.

플리트비체 국립호수공원에서 사람은 많고 시간은 부족했다

버스터미널에 가기 위해 트램을 기다리는데 한참을 기다려도 오지 않았다. 가는 길을 물은 아가씨와 함께 번호가 다른 트램을 탔다. 그런데 터미널 가는 길에 공사 중이라며 함께 내려 걸어서 도착했다. 아가씨는 돌아서 도착하게 되어 미안하다고 했다. 터미널에서 플리트비체로 가는 버스표를 구입했다. 내일 자그레브로 가는 승차권도 구입했다. 교통편이 해결되면 마음이 푸근해진다.

이번 여행에서 제일 기대한 곳이 플리트비체 국립공원이다. 입구에 도착하니 아름드리나무가 울창하여 공기가 달랐다. 많은 사람으로 붐볐다. '요정이 사는 숲'이라 불리는 이곳의 총면적이 19.5헥타르로 생각보다 넓다. 유럽에서 손꼽는 천혜의 비경을 가지고 있다. 카르스트 산악지대의 울창한 숲속에는 석회암 절벽과 아름다운 호수가 16곳 있다. 플리트비체는 1979년에 크로아티아 최초의 국립공원 및 유네스코 세계문화유산으로 지정되었다. 호수 물빛이 에메랄드색을 띠는 이유는 석회 성분이 호수 바닥에 깔렸기 때문이다. 가장 높은 곳에 있는 호수는 해발 637m, 가장 낮은 곳에 있는 호수는 해발 503m에 있다. 입장료는 성인이 47,500원이다. 작년에 비해 많이 올랐다.

플리트비체를 둘러보는 방법은 2~3시간 소요되는 A 코스부터 6~8시간 걸리는 K 코스까지, 11코스가 있다. 자유여행자들은 H 코스를 선호한다. 안내소 직원이 코스 설명을 하면서 5시간이면 충분히 볼 수 있다고 말했다.

사진과 영상으로 본 아름다운 플리트비체를 직접 볼 수 있겠다는 기대감이 한껏 부풀어 올랐다. 2번 입구로 들어가 세 량이 연결된 순환 버스를 타고 제일 높은 곳에 있는 호수 부근에서 내려서 걷기 시작했다. 높은 지대에 있는 숲속이어서 공기가 자그레브보다 맑고 상쾌했다. 크고 작은 계단식 폭포가 시원한 물줄기를 쏟아내고 있다. 호수는 주변 경관과 어우러져 한 폭의 아름다운 절경을 보여주었다. 달력에서 본 사진 같다. 동화에 나오는 요정들이 사는 곳이 아닌가 하는 생각이 들었다.

숲과 호수의 색은 햇빛이 비치는 시간과 날씨에 따라 다르다. 같은 풍경이라도 보는 위치에 따라 신비로운 속살을 아낌없이 보여준다. 개인적으로 여러 종류의 나무들로 가득한 산과 숲속에서 걷는 것을 좋아한다.

호수가 맑은 에메랄드색이다. 물고기의 비늘이 보일 만큼 호수는 투명하고 깨끗하다. 오리와 수중 생물들이 여유롭고 행복해 보인다. 초록별 지구는 기이한 절경과 아름다운 풍광을 많이 품고 있다. 걸으면서 탄성이 저절로 나왔다. 가족과 함께여서 즐거움이 배가 되었다. 가까이 가면서, 혹은 멀리 떨어져서 사진을 찍었다.

2시간 여유롭게 걸었는데 사람들이 조금씩 많아지기 시작한다. 앞으로 갈수록 걷는 속도가 느려진다. 좁은 외길이다. 멋진 경치가 있는 곳은 모두 사진을 찍어서 뒤에 사람이 기다려야 하기 때문에 점점 더 정체되었다. 코스 중간 부분에 왔는데 벌써 4시간이 지났다. 배를 타고 호수를 건너 아래 호수를 둘러본 후 순환 버스를 타고 2번 출입구로 나와야 한다. 결국은 마지막 코스를 보지 못하고 배 타고 출구로 나왔다. 이런 곳은 시간에 구애받지 않고 여유롭게 천천히 걸으면서 자연을 음미하며 마음껏 즐겨야 한다. 사람이 너무 많아서 길 위에서 기다리는 시간이 지체되어 아쉬웠다. 자그레브로 가는 버스를 기다리는데, 다른 사람들도 계획한 코스를 다 보지 못해서 아쉽다고 했다. 세상일이 그렇다. 기대가 크면 아쉬움도 큰 법이다.

 - 자그레브에서 플리트비체까지 버스 요금: 74쿠나.
 - 플리트비체 국립공원 입장료: 성인 250쿠나, 국제학생증 160쿠나.
 - 한국 식당: 육개장-85쿠나, 비빔밥 & 된장찌개 각 75쿠나.
 * 1쿠나 = 174원.

크로아티아 국경을 가볍게 넘었다

플릭스 버스를 타고 크로아티아 국경 검문소에 도착했다. 티 한 점 없는 파란 하늘에 화창한 날씨다. 국경을 통과할 때는 잘못이 없어서 긴장된 마음보다는 흥미롭게 지켜본다. 운전기사에게 여권을 제출하고 또 하나의 스탬프가 찍혀 되돌려받는 절차가 있다. 직접 창구에 설 필요가 없어서 편하다. 짐 검사를 따로 하지 않았다. 막힘없이 물 흐르듯이 자연스럽다. 국경임에도 경비원의 삼엄한 경계가 없다. 톨게이트에서 조금 정체되어 기다리는 정도다.

해외여행을 하면서 국경을 쉽게 넘을 때마다 세계에서 유일한 분단국가인 나의 조국 대한민국을 생각한다. 한반도 가운데 허리에 있는 군사분계선은 철책선으로 남과 북이 잘려져 있다. 비무장지대에는 지뢰로 가득하다. 남북한 군인들은 중무장을 하고 24시간 삼엄한 경계 경비를 하고 있다.

"평화를 원하면 전쟁을 준비하라." 언제 있을지 모르는 북한군의 도발을 항상 대비해야 한다. 요즘 진행되고 있는 화해 무드가 발전되어 북한을 자유롭게 왕래하면 좋겠다. 북한의 산하는 어떤 풍광일까? 사람 사는 모습과 언어와 풍습은 어떻게 달라졌을지 궁금하다. 북한을 여행하고, 시베리아 횡단 기차를 타고, 유라시아를 횡단해서 북유럽에 다시 가고 싶다.

11. 보스니아 헤르체고비나

위즈 에어 항공(Wizz Air)사에 45유로 뜯겼다

'아트 갤러리 호스텔'에서 15분 걸으면 100E 공항버스 정류장이 있다. 가족과 함께한 부다페스트를 떠난다고 생각하니 짧은 일정이 아쉽다. 아침 햇살은 어제처럼 좋다. 예스러운 거리는 변함없는 일상적인 풍경이다. 가게 주인들은 청소하며 손님 맞을 준비를 하고 있다. 공항버스 요금이 900포린트(1포린트=4원)로 저렴하다. 돈이 조금 모자란다. 환전해야 하나 생각했는데, 다행히 자동판매기에서 카드 결제가 된다.

아내와 효은이를 부다페스트 공항 2청사에서 배웅했다. 10일 후에 집에서 다시 만나지만, 떠나보내는 마음은 항상 애틋하다. 다시 혼자된 기분이 묘했다.

'보스니아-헤르체고비나' 수도인 사라예보로 가기 위해 공항 1청사로 왔다. 탑승을 기다리는 승객들로 붐볐다. 떠나는 설렘과 도착의 안도감이 교차하는 분주한 공항 분위기를 즐긴다. 사라예보로 가는 비행기는 4시간 후에 떠나므로 여유 있다. 공항 2층 바닥에 자리를 깔고 편하게 앉아 지난 여행을 정리했다. 앞으로 나 홀로 여행 일정을 점검했다. 처음 계획은 부다페스트에서 기차 타고 베오그라드를 여행하고 사라예보로 가려고 했다. 하지만 현지 사정이 좋지 않아 바로 사라예보로 가기로 하고 시간 절약을 위해 항공권을 검색했다.

아내와 효은이를 보낸 후 타야 하므로 오후 비행기 시간과 요금을 검색하니 평균 30만 원 내외다. 며칠 동안 틈나는 대로 '스카이스캐너'를 보았다. 운 좋게 '위즈 에어 항공사(Wizzair)'에서 출발 시각도 적당하고 저렴한 항공티켓을 발견했다. 89,960원에 결제했다. 비행 출발 시각 2시간 전에 전광판을 확인하고 탑승권 발급 창구로 갔다. 인터넷으로 예매한 것을 확인한 직원은 번거롭게 다른 곳에 갔다 오게 했다. 이해가 되지 않았지만 따랐다. 수화물 무게를 철저하게 계량했다. 저가 항공사는 초과 수화물 추가 요금이 비행기 요금보다 비싸서 악명이 높다. 기내에 가지고 가기 위해 카메라와 필요한 짐만 챙겨서 배낭 하나에 담았다. 가볍게 통과했다. 다시 탑승권 발급 창구로 가서 줄을 섰다. 남자 승객이 직원에게 강력하게 항의를 하고 있다.

'저 신사는 무슨 일로 저렇게 화를 내는 것일까?'

궁금함은 곧 풀렸다. 내 차례다.

"안녕하세요? 좋은 날씨입니다."

"탑승 수속을 3시간 전에 하지 않아서 45유로를 내셔야 합니다."

"무슨 말인가요? 보통 2시간 전에 탑승 수속을 하지 않나요?"

"…"

같은 질문을 많은 받아서인지 피곤한 듯 말이 없다.

"전광판에 탑승 수속 창구와 게이트 사인이 조금 전에 들어왔는데요?"

"비행기 티켓을 인터넷으로 구매한 승객은 3시간 전에 탑승 수속을 해야 합니다."

"그런 규정이 어디에 있나요?"

"온라인 설명서에 적혀 있습니다."

황당했다. 이런 경우는 처음이다.

"아, 그래서 아까 그 승객이 그렇게 화를 냈구나. 당연히 화낼 만하다."

여기서 부당함을 아무리 말해봐야 소용없다. 정상 가격보다 저렴하게 판매하면서 부족한 금액을 이렇게 보충하는 것 같다. 저가 항공사에 대한 불만은 많이 알려졌다. 특히 악명 높은 항공사 리스트에 위즈 에어 항공사가 포함되어 있다. 탑승 수속 시간으로 돈을 뜯길 줄은 생각지도 못했다. 치사하다. 기분이 좋지 않았다. 꼼꼼하게 읽지 않은 나를 탓했다. 이것도 경험이라고 긍정적으로 생각한다. 앞으로 주의하면 된다. 45유로를 추가 요금으로 내도 정상 가격보다는 적게 내고 비행기를 타잖아. 괜찮아….

제1차 세계대전의 도화선이 된 사라예보

1914년 6월 28일, 보스니아를 방문한 오스트리아 황태자 내외가 세르비아 국수주의자 청년이 쏜 총탄에 숨졌다. 충격을 받은 오스트리아는 바로 세르비아에 선전포고를 했다. 러시아는 세르비아를 보호한다는 명분으로 군사 동원령을 내렸다. 이후 프랑스, 독일, 영국 등 여러 나라가 가담하여 유럽 전체가 사흘 만에 전쟁의 소용돌이 속에 휘말렸다. 사라예보에서 일어난 한 사건이 계기가 되어 세계 역사의 흐름을 바꾸었다.

제1차 세계대전(1914~1918년)의 도화선이 된 잔혹한 역사의 도시 사라예보에 왔다. 남유럽에 위치한 발칸반도에 있다. 예상대로 공항 안과 밖은 낡고 허름했다. 버스 운전기사에게 호스텔 주소를 보여주었다. 영어가 통하지 않아 손짓으로 이곳에 내려달라고 했다. 30분 후 운전기사는 돌아보며 손짓으로 다음에 내려야 한다고 알려주었다. 친절함이 도시의 첫인상을 좋게 했다.

버스에서 내려 주위를 둘러보았다. 진한 황토 강이 흐르는 시내는 조용하다. 낮은 산등성에 오래되어 보이는 집들이 층층으로 많다. 세계대전 후에도 내전의 깊은 상처가 있는 사라예보는 슬픔을 안고 있는 것

같다. 모스크 첨탑들이 곳곳에 보여, 여기가 이슬람 국가인가 하는 생각이 들었다.

호스텔은 주소로 찾기 어려웠다. 몇 번을 물어서 도착한 호스텔 6인실은 생각보다 훨씬 작았지만, 주인아주머니는 활발했다. 호스텔 주인이 저녁에 다리 건너편 대강당에서 영화제 전야제를 한다고 말했다. 저녁 식사를 간단하게 한 후 행사장으로 갔다. 영화제의 상징인 레드카펫이 깔리고 지미집 카메라를 설치하는 등 분주하게 행사 준비를 하고 있다. 턱시도와 드레스를 입은 배우들이 등장할 때마다 카메라 플래시가 터졌다. 피곤하고, 아는 배우가 없어서 조금 보다가 호스텔로 돌아왔다.

다음 날 아침 사라예보 시내 가이드 투어에 참여했다. 세계 각국에서 온 여행자 30여 명이 모였다. 사라예보는 관광객이 많이 찾는 곳이 아니다. 위험하다고 알려져 관심 있는 배낭여행자들만 찾아온다. 체격 좋은 여성 가이드는 활짝 웃으며 사라예보에 온 것을 환영했다. 먼저 20세기 초 사라예보가 겪은 잔혹사에 대해 진지하게 설명했다. 세계대전 후 사라예보 사람들이 겪은 비극에 관해서 말했다. 지금도 끝나지 않은 전쟁의 참상과 슬픔에 대해서 많은 이야기를 했다. 슬픔을 안고 살아가는 사람들의 이야기는 왠지 마음이 아렸다. 한국전쟁의 참혹상과 가족을 잃은 슬픔과 이산가족의 그리움을 알기 때문이다. 상처가 위로받고 아픔에서 벗어나며 행복하기를 기도했다.

가슴 아픈 이야기와는 다르게 날씨가 화창했다. 도시 곳곳을 천천히 걸어가며 설명을 이어갔다. 처음 보는 꽃들이 진한 향기를 뿜어낸다. 강가에 무궁화꽃이 활짝 피어 반가웠다. 피고 지고 또 피고 지는 은근과 끈기의 우리나라 꽃 무궁화. 반가운 마음에 가이드에게 말했다.

"이 꽃이 곳곳에 많이 보이네요. 대한민국 국화입니다."

"어머, 그래요? 신기하네요."

"꽃 이름이 뭔가요?"

"하하, 모르겠어요."

가이드 투어를 마치고 한국에서 가져온 마스크팩과 기념품을 주니 활짝 웃으며 고마워했다.

사라예보의 붉은 장미

제2차 세계대전 후 발칸반도에 있는 6개 나라는 유고슬라비아 연방으로 통합되었다. 연방에 속한 나라들은 독립을 주장하며 전쟁을 하고, 결국에는 독립을 이루었다. 사라예보는 1996년 보스니아 내전으로 인해 1,425일 동안 약 13,000명, 3년 동안 13만 명 이상의 무고한 시민이 희생당했다. 전쟁이 얼마나 어리석고 참혹한 비극인지 한국전쟁으로 안다. 높은 자리를 차지하고 있는 자들의 헛된 욕심과 잘못된 판단으로 죄 없는 사람들이 소중한 생명을 헛되이 잃었다. 살아남은 사람은 평생 슬픔과 고통을 감당하며 살고 있다. 앞으로 지구 어느 곳에서도 무력전쟁은 일어나지 않기를 소망한다.

그런 생각을 해서 그런지 사라예보 구도심은 슬픔을 간직한 것 같다. 도시 곳곳에 아픔의 상처들이 남아 있다. 낡은 집과 담장에는 포탄과 총탄 자국이 있다. 그날의 포성과 아우성이 들리는 것 같다. 거리 곳곳에 붉은 페인트로 그린 그림들이 보인다. 상징적인 의미로 '사라예보의 붉은 장미'라고 한다. 묘비들도 많다. 공동묘지에는 더 많이 있을 것이다. 추도식은 같은 날이 많아서 붐빌 것이다.

전쟁, 죽음, 이별, 슬픔, 운명.

구도심은 1시간 정도 둘러보면 충분했다. 사라예보는 이스탄불처럼 동서를 잇는 길목에 있다. 필연적으로 여러 민족과 다양한 문화가 모일 수밖에 없다. 세계에서 신도 수가 많은 거대 4개 종교가 공존한다. 이런 도시는 예루살렘과 사라예보밖에 없다. 그래서 '유럽의 예루살렘'이라고 부른다.

우리나라는 사이비 종교를 비롯해서 더 많은 종교가 공존하는데 무엇이라 불러야 할까? 인간은 유한한 생명이므로 종교와는 숙명적인 관계다. 사이비종교에 빠지면 맹신하게 되고 이성적인 판단력을 상실하게 된다. 많은 나라를 다닐수록 종교가 일상생활은 물론이고 전체적인 삶에서 엄청난 영역을 차지하고 있음을 경험한다. 종교란 무엇일까?

고뇌하는 요한 바오로 2세

도시 곳곳에 첨탑과 둥근 모스크가 많이 보인다. 한국에서는 보기 드문 모스크와 히잡이 낯설다. 보스니아-헤르체고비나는 유럽에서 유일하게 이슬람교도들이 많은 나라다. 인구 500만 명 중 무슬림이 40%, 세르비아계 동방정교도 30%, 기독교를 믿는 크로아티아계가 10%다.

보스니아에서 제일 큰 예수성심성당은 1889년 중심가에 건축했다. 파리에 있는 노트르담 성당과 비슷한 외형이다. 성당 입구 옆에 1997년에 방문한 교황 요한 바오로 2세가 침통한 표정으로 고개를 숙인 동상이 있다. 고통스러워하는 마음이 느껴져서 숙연해진다. '평화의 사도'라 불리는 교황은 사라예보에 와서 무슨 생각을 하셨을까?

2015년에는 프란치스코 교황이 방문했다.

"유대교 회당과 교회, 이슬람 사원이 공존하고 있는 사라예보는 각종 인종과 종교, 문화가 뒤섞인 '유럽의 예루살렘'과도 같다. 옛것을 회복하면서도 동시에 새로운 것을 받아들일 수 있는 가교 역할을 해야 한다."

성당 안으로 들어갔다. 눈에 익은 장미 문양의 스테인드글라스가 눈에 띈다. 잠시 동안 평화에 대해서, 상처에 대한 치유에 대해서 생각했다.

역사와 전통이 느껴지는 오래된 모스크 수돗가에서 아빠와 발을 씻고 있는 금발의 어린아이가 사랑스럽다. 저 아이는 전쟁과 내전의 고통이 없는 세상에 살기를 바랐다.

바슈카르지아광장은 올드 타운에 있다. 성당, 교회, 모스크를 비롯한 다양한 종교 시설들이 모자이크처럼 밀집되어 있다. 시민과 관광객과 비둘기로 북적였다. 광장 중앙에는 120년 동안 마르지 않는 샘인 '세빌리'가 있다. 이 물을 마시면 사라예보에 다시 방문할 수 있다는 전설이 있다. 세계 여러 도시에서 비슷한 전설을 만났다. 그렇다면 앞으로 가게 될 도시가 몇 도시인가? 과연 사라예보에 다시 올 수 있을까? 기대된다. 전설을 만든 사람은 누굴까?

사라예보의 꺼지지 않는 불꽃

사라예보는 해발 540m의 고지대에 있어 공기가 선선하다. 오늘은 흐린 날씨로 낡고 빛바랜 석조 건물이 을씨년스럽다. 여러 도시에서 본 '꺼지지 않는 불꽃'은 성당 주변이나 한적한 공원에 있었다. 사라예보 '꺼지지 않는 불꽃'은 도심 가운데 대로변에 있다. 내전 희생자들의 넋을 위로

하기 위해 불이 꺼지지 않게 관리한다. 우리나라에서 '꺼지지 않는 불꽃'을 본 기억이 없다. 왜 만들지 않을까? 오천 년 동안 이민족으로부터 많은 침략과 한국전쟁으로 희생자가 많다. 억울한 죽음을 위로하고 호국 영령들의 죽음이 헛되지 않게 후손들이 잊지 않고 있다는 상징적인 의미에서 만들면 좋겠다.

올드 타운으로 발걸음을 옮겼다. 전통 가옥들은 낡아 허름하다. 보기 싫다기보다는 친근감이 느껴졌다. 사람들이 생활하는 곳이어서 그런 것 같다. 동네 청년들이 작은 공터에서 길거리 축구를 하고 있다. 예전에는 같이 뛰었는데, 지금은 그냥 구경만 한다. 하늘도 거리도 온통 회색빛이다. 내 마음도 차분히 가라앉았다. 연륜의 흔적이 고스란히 느껴지는 색 바래고 낡은 트램이 둔탁하고 힘거운 철 부딪치는 소리를 내며 바로 앞으로 지나간다. 서쪽 하늘에 석양이 핑크빛으로 서서히 물들어가고 있다. 내 긴 그림자가 저만치 걸어가고 있다.

물담배와 사라예보의 밤

올드 타운을 걷는다. 노천카페에서 물담배를 피우는 사람들이 많다. 몇 해 전 카타르 공항 라운지에 있던 물담배 전용 카페가 생각났다. 러시아 이르쿠츠크 레스토랑에서 식사하는 옆자리에서 커플이 물담배를 피우는 것이 신기했었다. 호스가 뱀처럼 통을 감은 모양이 특이했다. 담배를 피우지 않기 때문에 담배 냄새를 싫어한다. 이슬람교도들은 계율에 따라 술을 마시지 못하기 때문에 아랍권 사람들은 물담배를 기호식품으로 많이 애용한다. 담배 연기를 물에 통과시켜 그 과정에서 독성을 줄인다고 한다. 다양한 과일 향과 여러 커피 향을 섞었다.

투박한 아궁이에서 붉은 석탄이 정열적으로 활활 타오르고 있다. 추운 겨울 초등학교 교실에서 난로 속에 빨갛게 타던 조약돌탄과 비슷하다. 난로 위에 층층이 쌓아둔 양철 도시락에서 구수하게 밥 익어가던 냄새가 생각났다. 사진을 찍었다. 가게 종업원이 엄지 척을 한다. 앞에 앉아 있던 청년 두 명이 인사를 건넨다. 물담배를 한번 피워보라고 권한다. 일반 담배보다 훨씬 부드러우면서 진하다고 한다. 어떤 맛일지 궁금하기는 하다. 시가(궐련)를 피우는 사람은 세상 어떤 즐거움보다 최고로 생각한다. 엄청나게 독해서 머리가 핑 돈다고 하는데, 그렇게 좋을까?

아름다운 자연경관을 가진 소도시 모스타르

이른 아침 호스텔을 나섰다. 선선한 아침 공기로 발걸음이 가볍다. 한산한 거리에서 청소하는 사람이 아침을 깨우고 있다. 호스텔 주인이 알려준 버스 정류장에서 2번 버스를 타고 시외버스 터미널에 도착했다.

보스니아 헤르체고비나 남부에 있는 아름다운 소도시 스타리 모스타르로 간다. 이곳에 가는 이유는 『뚜르드몽드(Tourde Monde)』에서 '세상에서 가장 아름다운 다리'로 여러 차례 선정된 사진을 보았기 때문이다. 『뚜르드몽드』는 1996년 창간호부터 즐겨 보는 여행 잡지다. 멋진 풍광을 담은 사진을 보면, 그곳에 있는 나 자신을 상상하곤 한다. 가고 싶은 곳이 아직 많다. 나의 여행 여정은 어디쯤 왔을까? 언제까지 이어질까?

몇 시간을 달리며 이국적인 풍광이 스쳐 지나간다. 모스타르 버스 터미널에 도착했다. 보스니아-헤르체고비나에서 최대 관광도시라고 하는

데, 버스 터미널은 의외로 한산하다. 호스텔 위치를 물어서 걸었다. 나무 없는 척박한 돌산은 삭막하고 익숙하지 않다. 돌산 꼭대기에 있는 큰 십자가가 눈으로 들어왔다. 전쟁과 내전을 겪은 나라답게 '용서'와 '화합'을 상징하는 것으로 느껴졌다.

친절한 가족이 운영하는 호스텔에 체크인하고 밖으로 나왔다. 네레트바강의 다리를 건너면서 흐르는 강을 내려다 보았다. 생각보다 높아서 아찔하다. 수량이 풍부한 푸른 물은 바위에 부딪혀 흰 포말을 뿜어내며 거침없이 흐른다. 강 주변에는 푸른 나무들로 울창하다. 회색빛 도시보다는 이런 자연풍광이 더 좋다.

유네스코에서 문화유산으로 지정한 '스타리 모스트'다. 관광객이 여기에 다 모인 것 같다. 관광버스를 타고 왔나? 브라체 페지카 거리 바닥에 깔린 돌들이 반질반질 윤이 난다. 오랜 세월 동안 얼마나 많은 사람이 오갔을까? 오늘 나의 발바닥도 반질거림에 보탰다.

돌로 만든 아치형의 다리는 1557년 술레이만 대제 때 만들었다. 모스타르의 정교인과 무슬림들이 400년 넘게 오가며 교류했다. 1993년 보스니아 내전 당시 크로아티아 민병대가 파괴했다. 내전이 끝나고 다리 복원을 희망하는 사람들이 강에 떨어진 돌들을 건졌다. 2005년 터키 건축가들이 1,088개의 돌을 건져 재건했다.

역사의 숨결이 느껴지는 아치형 다리 위에 사람들이 많이 몰려 있다. 이럴 때는 빨리 가봐야 한다. 다이버가 다이빙하려고 준비운동을 하고 있다. 다이빙하는 멋진 모습을 포착하고 싶었다. 뛰어내리는 모습을 촬영하려고 카메라에 집중했다. 어릴 때 본, 타잔이 다이빙하는 모습이 떠올랐다.

그런데 다이버는 다이빙할듯하면서 하지 않는다. 몇 번을 반복한다.

다리는 높았고 푸른 강은 세차게 흐른다. 아무나 다이빙을 못 할 것이다. 두려워서 망설이는 것일까? 한 남자가 주위에 있는 관광객에게 돈을 걸고 있다. 위험한 다이빙인 만큼 위험수당을 받는 셈이다. 뛰는 것을 보고 싶었지만 20여 분을 기다려도 뛰지 않았다. 마냥 기다리고만 있을 수 없어 다리를 건너 올드 타운으로 갔다. 좁은 골목길을 걷는데 옛 터키에 온 것 같다.

핑크빛 노을과 여행자의 쓸쓸함

네레트바강이 흐르는 스타리 모스트를 기준으로 양쪽으로 마을이 있다. 다른 민족이 사는데, 보기에는 집들이 비슷해 보인다. 일상생활과 풍습은 차이가 있을 것이다. 오스만 제국 시절에 지은 듯한 전통 가옥들이 많다. 돌로 만든 집은 역시 오래간다. 관리를 잘하면 멋있을 텐데 생활의 여유가 없는 것 같다. 올드 타운은 볼거리가 많아서 걷는 재미가 있다. 주변국은 물론 세계 각국에서 온 관광객으로 북적인다. 현지사람 대부분은 무채색 계열의 옷을 입었다. 크고 작은 가게에는 다양한 터키식 액세서리를 비롯한 기념품들이 많다. 터키에 있는 소도시를 걷는 것 같다. 가게 안에 크고 작은 꿀 병이 많다. 작은 숟가락에 떠서 맛보았다. 자연산의 진한 꿀맛이다. 깨지지 않는 꿀 병이 있다면 한 병 샀을 텐데 아쉬웠다. 만약 헤르체고비나가 독립한다면, 모스타르가 수도가 될 것이라고 한다.

강 아래로 내려와 다리를 보니 풍광이 아름답다. 물은 생각대로 시원하다. 석양이 핑크빛으로 물들어간다. 아치형의 다리와 모스크가 어우러져 한 폭의 그림이다. 어둠이 짙게 깔릴 때까지 머물렀다. 칠흑같이 어두운 밤이 곧 찾아왔다.

위쪽으로 다시 올라갔다. 골목에 즐비한 레스토랑과 카페는 사람들로 붐볐다. 흥거운 대화와 음악이 가득 메우고 있다. 여행자는 혼자라서 외롭고 쓸쓸하다. 분위기 좋은 카페에서 보스니아식 식사를 하고, 커피를 마시고 싶어 몇 곳을 기웃거렸다. 혼자 있을 만한 적당한 곳이 없다. 호스텔로 발걸음을 옮겼다.

작은 공원에서 흥거운 음악과 아이들의 웃음소리가 들렸다. 캠프 온 분위기다. 어린 학생들은 선생님의 지도에 따라 리듬을 타며 즐겁게 춤을 춘다. 부모들은 아이들이 즐거워하는 것을 흐뭇하게 보고 있다. 벤치에 앉아 구경했다. 옆에서 작은 아이들도 덩달아 춤을 춘다. 낯선 이방인을 힐끔힐끔 훔쳐보는 아이들이 귀엽다. 어른들은 의식하지 않았다.

12. 몬테네그로

몬테네그로 수도 포드고리차는 고급지다

몬테네그로 공화국은 아드리아해와 세르비아 사이에 있는 발칸반도 남동부에 있다. 디나르알프스 산맥의 높은 경사면에 가려 어두운 산이 많다고 해서 '검은 산'이라는 뜻이다. 북쪽은 보스니아-헤르체고비나, 동쪽은 세르비아, 서쪽은 알바니아를 마주하고 있다. 이번 여행을 준비하면서 알게 된 나라다.

세르비아는 코소보 사태와 인종청소 등의 문제를 일으켜 국제사회로부터 비난을 받고 경제 제재를 받았다. 몬테네그로도 같은 연방국으로 심각한 경제적인 어려움을 겪었다. 2006년 6월 5일, 몬테네그로도 유고연방에서 독립했다. 그러나 지금까지 유고 연방으로 돌아가기를 원하는 국민과의 갈등이 해소되지 않은 상태다.

수도 포드고리차에 왔다. 키릴문자 간판이 반가웠다. 읽을 줄은 아는데 뜻은 모르겠다. 읽는 것에 만족했다. 유로를 사용하므로 번거롭게 환전하지 않아서 좋다. 제일 먼저 해야 할 일은 예약한 호스텔을 찾아가는 것이다. 스마트폰에 저장한 지도를 보면 버스 터미널에서 가깝다. 터미널 직원에게 주소를 보여주니 잘 모르겠다고 한다. 택시 기사에게 물으니 택시를 타란다. 20여 분 거리야 걸어가면 된다. 지나가는 몇 사람에게 물었는데, 사람마다 손가락 방향이 달랐다.

날씨는 덥고 배낭은 무거워져 피곤하다. 벤치에 배낭을 내려놓고 땀을 닦고 물을 마셨다. 옆 벤치에 있는 할아버지 두 분께 인사를 건네고 물었다. 두 사람 의견이 다르다. 마침 아가씨 두 명이 걸어오고 있다. 네 사람이 호스텔 위치에 관해서 이야기한다. 10여 분 동안 대화가 이어졌다. 아가씨가 자신의 휴대폰으로 호스텔에 전화했다. 20여 분 후 호스텔 주인 아들인 청년이 SUV를 타고 왔다. 호스텔은 대로에서 좁은 골목으로 들어갔다. 여러 번을 돌아 도착했다. 못 찾는 것이 당연하다. 신축한 지 얼마 되지 않아 어수선했다.

"부모님은 영어를 못 하고 저도 영어가 서툴러서 미안해요."

"하하, 저도 영어를 잘 못 하니 괜찮아요. 의사소통만 되면 되죠."

"네, 하하하."

"이틀 후 아침에 공항으로 가야 하는데, 데려다줄 수 있나요?"

"어디로 가시나요?"

"이스탄불로 가요."

"네. 몇 시에 오면 되나요?"

"7시에 출발할 생각이니 그전에 오세요."

"네. 기억하고 있겠습니다."

체크인하고 2층 베란다가 있는 넓은 더블룸으로 안내한다.

"싱글룸을 예약했는데요?"

"오늘 예약한 사람이 없으니 사용하세요."

"혼자요?"

"네, 물론이죠."

"오, 고마워요."

땀으로 젖은 몸을 샤워하고 침대에 누우니 세상을 다 가진 것 같다. 여행하면서 그 나라가 좋아지는 데는 사람들의 친절함과 순수함이 많은 비중을 차지한다.

그리스도 부활 대성당의 성화는 화려했다

몬테네그로는 인구가 70만여 명에 불과한 작은 국가다. 포드고리차는 리브니차강과 모라카강이 합류하는 지점에 있다. 높지 않은 산들로 둘러싸여 있다. 공기가 맑아 걷기 좋다. 조형미가 멋진 건물들이 많아서 보면서 걷는 재미가 있다. 넓은 들판에 흰 대리석의 큰 성당이 보인다. 둥근 지붕 위에 금박의 십자가가 반짝인다.

'그리스도 부활 대성당'이다. 의자가 없어서 더 넓게 느껴졌다. 성당 안은 천장과 벽에 여백 없이 화려한 성화로 가득하다. 지금까지 본 동방 정교회 중에 제일 깨끗하다. 1993년에 공사를 시작했다. 2014년 7월 밀라노칙령 1,700년을 기념으로 준공했다. 가장 최근에 건축했다. 그래서 그랬구나!

1~2세기에 이곳은 그리스도인의 공동묘지였다. 기둥에 하나 있는 의자에 앉아 성화를 찬찬히 둘러보았다. 주일학교 공과공부 시간에 선생님께서 재미있게 들려준 성경 이야기가 생각났다. 글보다는 그림이 확실하게 이해가 잘 된다. 예쁜 작은 종이에 적어 주셨던 요절을 외웠던 기억이 났다. 많은 사람들이 오지 않는다. 진지하게 기도하는 사람들을 보니 내 마음도 덩달아 숙연해진다. 성호를 긋고 성화를 바라보는 여인의 모습이 경건해 보였다. 저 여인은 무엇을 기도할까? 종교는 다를지라도 내용은 비슷할 것 같다. 세르비아 정교를 믿는 신자는 국민의 70%다. 같은 하나님을 믿는데 지역에 따라 믿는 방식이 다르다. 무슨 이유 때문일까?

포드고리차 미술관은 조용했다

야트막한 언덕에 옹기종기 모여 있는 주홍색 지붕의 주택들이 정겹다. 집들 사이에 나무들이 있어 보기 좋다. 도심은 500년간 터키 지배를 받았는데, 이슬람 분위기가 남아 있지 않다.

높고 큰 건물들의 구조가 비슷하지 않고 건물마다 개성이 뚜렷하다. 건축공학적으로 실용성과 예술성을 접목한 것 같다. 획일화된 건물이 없다. 현대적인 감각이 돋보이고 세련되었다. 멋진 건물들을 카메라에 담는다. 사각형 건물과 큰 간판은 보이지 않는다. 가게는 사람들에게 알리고 싶어 할 텐데 간판이 없거나 작은 이유가 궁금하다. 그래서 도시 전체가 밝다. 우리나라도 이렇게 하면 안 될까? 건축에 관해서 관심만 있고 잘 알지 못한다. 젊었을 때는 건축 잡지를 즐겨 읽었다. 내 손으로 황토와 편백나무로 전원주택을 짓고 싶었다.

호스텔 매니저가 가보라고 시내 지도에 체크해준 미술관을 찾았다. 지도를 아무리 보아도 헷갈렸다. 지나가는 아가씨에게 물었다. 공원 안에 있다고 한다. 분홍색 칠한 오래된 미술관은 작은 언덕 위에 있다. 예전에는 관공서로 사용한 것 같다. 구경하는 사람이 없다. 외국인이 들어가니 관리하는 여직원이 당황하는 눈빛이다. 전시된 그림은 많지 않다. 유명한 화가의 작품은 없다. 마음 편하게 둘러보았다. 그림은 그 나라 말과 글을 몰라도 된다. 눈으로 보고 마음으로 느끼면 된다. 돌로 만든 작품이 가장 인상적이다. 관리자는 내가 무엇을 하는지 힐끗힐끗 훔쳐본다. 내가 나가면서 인사를 꾸벅하니 싱긋 웃으며 안도하는 눈빛이다.

모라카강에서 수영하고 싶다

고대 유적지로 가는 길이 헷갈려 아저씨에게 물었다. 앞장서서 길을 안내하며 어디서 왔는지 물었다. 한국에서 왔다고 하니 반가워한다. 지름길을 알려주며 즐거운 여행이 되라고 한다. 이곳 사람들은 친절하고 순수한 것 같다. 어제저녁에 슈퍼마켓을 가려는데 보이지 않았다. 문신을 새긴 젊은 청년에게 물었다. 그 청년은 설명을 하다가 함께 가주겠다고 한다. 부담스러워 괜찮다고 하니 자기도 살 것이 있다고 한다. 사람은 선입견을 가지고 보면 안 된다는 것을 알면서도 그것이 잘 안 된다.

모라카강이 내려다보이는 곳에 도착했다. 푸른 물이 풍부하게 흐른다. 물놀이를 하거나 물가에서 햇빛 샤워를 하고 있다. 익숙한 모습이 정겹다. 강으로 내려갔다. 물이 시원해서 세수를 했다. 나무 그늘에서 러닝을 입은 배불뚝이 아저씨가 책을 읽고 있다. 나이 든 사람이 책을 읽고 있는 모습은 보기 좋다.

"독서할 때 당신은 항상 가장 좋은 친구와 함께 있다."

- 시드니 스미스(1764~1840년)

유적 터들이 관리되지 않고 방치되어 있다. 작고 낡은 집들과 좁은 골목길이 이어졌다. 사람이 없다. 모스크는 문이 닫혀 있다. 시멘트를 칠하지 않은 블록 집과 색이 바랜 양철지붕에서 가난이 배어 나왔다. 빨래를 너는 형태는 나라마다 조금씩 차이가 있다. 나무로 만든 농구대를 보니 필리핀에서 농구하던 생각이 났다. 아저씨 몇 사람이 대청마루에

앉아 술잔을 기울이며 이야기를 하고 있다. 낯선 이방인이 반가운지 손
짓으로 이리로 오라고 한다. 뜨거운 땡볕에 땀을 흘렸을 때는 시원한 맥
주가 최고다.

공항 가는 날 새벽 해프닝

똑똑, 똑똑똑, 똑똑똑똑….

방문을 급박하게 두드리는 소리에 눈을 떴다. 시계를 보니 4시 50분.
이 시간에 내 방문을 두드릴 사람이 누구일까?

"선생님, 죄송합니다. 혹시 호스텔 주인 전화번호를 아시나요?"

1층 도미토리룸에 숙박하고 있는 브라질 청년이다.

"모르는데요. 무슨 일인가요?"

"지금 버스 터미널로 가야 하는데 현관문이 잠겼어요."

"네? 현관문은 항상 열려 있었는데…"

1층으로 내려가서 정원을 지나 철문을 여니 굳게 닫혀 있다. 힘을 주어도 열 수가 없다.

"이상하다. 왜 안 열리지?"

"바깥에서만 열 수 있나?"

"만약 비상사태가 일어나면 어떻게 밖으로 나가지?"

그는 버스 터미널로 빨리 가야 하는데 난감한 표정이다. 브라질엔 내여행 친구가 살고 있기 때문에 도움을 주고 싶었다. 시간이 없어 초조해하는 그를 위해서 뭔가 해야 했다. 둘러보니 정원 한쪽 구석에 작업할 때 사용하는 쇠사다리가 보였다. 들어보니 묵직했다. 힘을 합쳐 현관문 옆 벽에 걸쳤다. 나는 사다리를 잡고, 그는 배낭을 메고 위로 올라갔다. 현관문 위로 올라간 후 먼저 배낭을 바깥으로 던졌다. 이어 그는 뛰어내렸다.

쿵!

"괜찮은가요?"

"네, 괜찮아요. 선생님, 도움을 주셔서 감사합니다."

"천만에요. 즐겁게 여행하세요."

매니저가 아침 7시에 와서 공항에 데려다주기로 약속했었다. 은근 걱정된다. 떠날 준비를 다 하고 6시 30분부터 기다렸다.

정원에 있는 나무 식탁 위에는 지난밤 파티의 흔적으로 술병과 남은 음식과 과일이 어지럽게 남아 있다.

"만약 제시간에 오지 않으면 어떡하지?"

생각하고 싶지 않다.

"약속했으니 잊지 않고 오겠지."

매니저의 아버지가 먼저 도착했다. 현관문이 잠겼다고 이야기를 하는

데 무슨 말인지 이해를 못 하는 것 같았다.

　다행히 아들은 잠이 들깬 부스스한 얼굴을 하고 7시 10분경에 도착했다. 반가움으로 저절로 깊은 안도의 숨을 내쉬었다.

　"AERODROM PODCORCA."

　30여 분 후 공항에 무사히 도착했다. 고맙다는 말과 함께 가지고 있는 유로 동전을 모두 주었다.

　"고마워요. 아침에 데려다주어서."

　"천만에요. 다음에 또 오세요. 즐거운 여행 되세요."

13. 터키

이스탄불 공항 & 인생 관제탑

동서양의 관문 이스탄불 아타튀르크 공항에 도착했다. 카파도키아에 버스로 가려다가 시간을 절약하기로 했다. 버스는 편안한 의자지만 11시간이 걸린다. 1시간 30분 걸리는 비행기로 빨리 가서 더 많은 것을 경험하는 것이 좋을 것 같다. 공항은 몇 번 와본 곳이라 익숙하다. 카파도키아로 가려면 국내선을 타야 한다.

공항 안에 환전소가 많지만, 환율 차이가 크다. 점심을 간단하게 먹으려고 패스트푸드 체인점으로 왔다. 엄마에게 안긴 귀여운 꼬마가 조금 전부터 눈을 크게 뜨고 생글거리면서 계속 쳐다본다. 나는 일부러 표정을 재미있게 변화시켰다. 엄마가 용무를 다 마치고 가는데도 계속 쳐다본다. 신기한 모양이다.

다양한 종류 비행기들이 이륙하기 위해 활주로에 줄지어 기다린다. 장거리 달리기를 하기 위해 출발선에서 대기하는 것 같다. 많은 비행기가 이착륙한다. 볼 때마다 무거운 쇳덩어리가 하늘을 나는 것이 신기하다.

항공 관제탑의 역할이 중요하다. 인생을 살면서 항공 관제탑처럼 현재 상황과 내가 보지 못하는 일들을 바르게 판단하여 알려주는 시스템이 있으면 좋겠다. 사람의 생각과 시야는 의외로 좁다. 대부분 감정적으로 흐른다. 긴 안목으로 보는 것이 중요하다. 경험이 필요하고, 독서가 중요하다. 여행은 살아 있는 독서다. 그래서 나는 여행을 즐겁게 다닌다.

하늘에서 본 하늘과 땅의 풍광

여행 기간이 한정된 여행자는 길에서 시간을 보내기보다 현지에서 보내는 것이 바람직하다. 비행기를 타면 하늘에서 보는 하늘, 땅, 바다가 궁금하다. 비행기 티켓을 급하게 구매해서 창가에 좌석이 없었다. 가운데 좌석에 앉아 조심스럽게 사진 몇 장 찍었다. 창가에 앉은 마음 좋게 생긴 아주머니가 웃으며 자리를 양보해준다. 작은 창에 머리를 대고 바깥세상을 신기하게 본다. 비행기 안에서는 움직임이 없어 보이는데, 실제 시속은 엄청나게 빠르게 날고 있다. 바깥 온도는 얼마일까?

눈높이에 따라 보이는 풍광은 다르다. 땅에서 보는 보편적인 하늘색도 하늘에서 보면 시간과 위치에 따라 시시각각으로 변한다. 솜털 같은 하얀 뭉게구름들이 창밖에 있다. 창문을 열면 손에 닿겠다. 손오공처럼 구름을 타고 싶다.

망망한 바다 위에 떠 있는 대형 화물선이 강낭콩처럼 작다. 여러 색깔과 무늬가 있는 땅이 끊임없이 이어진다. 산 능선은 어깨를 나란히 하고 있다. 계곡 따라 나무들이 가득한 숲이 보인다. 하늘에서 내려다본 대지는 광활하다. 바다는 더 넓고 깊어 보인다. 반면에 사람 사는 공간은 너무 좁다. 새끼손톱보다 작은 집들이 빼곡하다. 높은 빌딩들도 하늘에서 보면 고만고만하다. 사람들이 모여 살고 있는 저곳에는 다양한 인생들이 저마다의 삶의 무게를 지고 살아가고 있다. 가끔 하늘에서 내가 사는 땅의 모습을 볼 필요가 있다. 현재 사는 내 모습을 생각할 수 있기 때문이다. 삶을 돌아보고 성찰의 시간도 갖는다. 경작된 논과 밭이 보이기 시작한다. 아파트와 길과 차들도 가깝게 보인다. 땅으로 내려가고 있다.

괴레메로 가는 셔틀버스와 동굴 호스텔

카파도키아 공항에 도착했다. 이곳에서 괴레메까지는 65㎞로 약 1시간 넘게 걸린다. 공항버스는 물론이고 대중교통이 없다. 많은 관광객이 방문하는데 그런 시스템이 안 되어 있다는 것이 이상했다.

예약한 호스텔에 비행기 도착 날짜, 시간과 이름으로 셔틀버스를 신청했다. 수속을 마치고 나왔다. 며칠 전에 예약했기에 셔틀버스 기사가 마중 나와 있을지 조금 걱정되었다. 입국장에는 기사들이 다양한 글자가 적힌 피켓을 들고 있다. 나의 이름도, 나를 찾는 기사도 없다. 한 사람, 두 사람이 떠나고 나만 홀로 남았다. 일단 밖으로 나왔다. 늦은 오후임에도 아직 뜨거운 햇살에 눈이 부시다. 수염을 기른 남자가 다가왔다.

"하이, 어디로 가나요?"

"하이, 괴레메로 갑니다."

"셔틀버스 예약하지 않았나요?"

"예약했는데 나를 찾는 기사가 안 보입니다."

"나도 괴레메 가는데 제 차 타세요."

"아이고, 감사합니다."

짧은 머리의 뚱뚱한 남자가 나에게 다가와 물었다.

"타이 원 용?"

예약한 셔틀버스 기사를 만났다. 동굴의 땅에 왔으니 동굴 호스텔을 체험하고 싶었다. 체크인하고 지하동굴 안으로 들어왔다. 2층 철제 침대가 빼곡하게 있는 도미토리룸 14인실이다. 이런 곳은 처음이다. 침대 위에 옷과 시트가 자유롭게 흐트러져 있다. 턱수염을 기른 매니저는 마음에 드는 침대를 선택하라고 했다. 참고로 2층은 천장에서 작은 돌가루

가 떨어진다고 했다. 하얀 시트를 쓱 문지르니 작은 돌가루들이 깔려 있다. 자다가 입으로 들어갈까 걱정되어 가장 안쪽에 있는 1층 침대를 가리켰다. 엄지 척 한다.

이곳에서 4박 5일을 지낸다. 동굴에서 자는 것도 색다른 체험이 될 것이다. 동굴 속은 뜨거운 한낮에 에어컨 없어도 덥지 않다는 장점이 있다. 저녁이 되면 세계 각국에서 온 배낭여행자들을 만날 것이다. 나 홀로 여행할 때 좋은 점이다. 샤워하고 시원한 반바지와 민소매를 입고 카메라를 들고 거리로 나왔다.

"드디어 내가 카파도키아에 왔노라."

앞으로 펼쳐질 카파도키아 여행이 기대된다.

카파도키아의 꽃, 벌룬 투어

카파도키아 여행의 하이라이트는 벌룬 투어다. 벌룬 투어는 날씨가 좋아야 할 수 있다. 정부에서 매일 새벽에 기상 상황을 보고 운항 여부를 알려준다. 준비하고 있다가 운항을 못 한다는 연락을 받고 실망하는 경우가 많다. 몇 번을 찾아와도, 며칠을 머물러도 하지 못하면 얼마나 안타까울까? 몇 년 전부터 터키 국내 정세가 불안정하여 일본인들은 보이지 않는다. 며칠 전 터키 환율이 폭락했다. 달러와 유로를 가지고 환전하는 여행자는 기분이 좋다.

괴레메 다운타운에는 여행사가 많다. 벌룬 투어, 그린 투어, 화이트 투어, 레드 투어를 비롯하여 여러 종류의 액티비티 활동 광고 사진들이 많다. 몇 군데 방문하여 벌룬 투어 가격을 흥정했다. 이구동성으로 중국 단체 관광객들이 벌룬 투어 가격을 2~3배 올려놓았다고 말한다. 패키지로 오는 관광객은 200~250유로를 주고 탄다. 벌룬 회사들은 담합하여 패키지 손님만 받아서 빈자리가 없다고 했다.

한 여행사 사장이 벌룬 회사에 주는 가격 그대로 해주겠다고 한다. 선택 관광은 유로로 계산한다. 리라가 많이 있는데 리라로 계산하자고 하니, 사장은 웃으며 안 된다고 했다. 벌룬 투어와 그린 투어를 같이 해서 170유로에 하기로 했다. 그린 투어는 50유로다. 이후에도 이보다 낮은 가격은 보지 못했다. 같은 벌룬을 타더라도 가격은 다르다고 했다. 밤 10시 넘어 여행사 사장에게 연락이 왔다.

"선생님, 운이 좋으십니다. 벌룬 회사 팀장에게 부탁한 한 자리 났습니다."

"아, 그래요? 감사합니다."

"내일 새벽 4시 10분에 호텔로 픽업하러 갈 테니 기다리세요."

"네, 고맙습니다. 기다릴게요."

"야호, 드디어 열기구를 타는구나!"

열기구는 타고 싶다고 해서 언제나 탈 수 있는 것이 아니다. 내일 날씨가 좋을 것 같아 탈 수 있을 때, 다른 계획보다 먼저 타는 것이 좋다. 다른 투어는 언제든지 할 수 있고 안 해도 크게 미련을 가지지 않는다. 오늘 도착해서 피곤하지만, 내일 새벽에 열기구를 타기로 했다.

누워있는 방은 14인실이다. 밤늦게 체크인하는 여행자들이 들락거린다. 새벽에는 벌룬 투어를 가기 위해 준비하는 여행자로 인해 잠을 이룰 수 없었다. 밤새 뒤척거리다가 3시 30분에 일어났다. 옆 침대에 누워있던 브라질에서 온 아가씨가 새벽 공기가 춥다고 했다. 배낭에서 얇은 남방을 꺼내 입었다.

호스텔 벤치에 앉아 하늘을 보니 캄캄한 밤하늘에 별이 반짝인다. 한낮의 뜨거움은 밤새도록 식었다. 찬 새벽공기가 좋다. 데리러 온다는 차는 약속 시간이 지나도 오지 않는다. 전달이 제대로 되지 않았나 싶어 여행사 사장에게 연락했다. 사장은 기사에게 연락해보겠다며 여행사로 와서 기다리라고 한다. 여행사는 어제저녁에 찾아갔었다. 희미한 가로

등 빛 아래 좁고 꼬불꼬불한 골목을 걸었다. 나는 다행히 한 번 본 사람이나 길은 잘 기억하는 편이다. 여행사에 도착해서 기다렸다. 봉고차가 뒤늦게 와서 나 혼자 호텔에 데려다주었다. 프런트 앞에 서 있던 매니저가 명단에서 내 이름을 확인했다.

'4번 벌룬'

간단했다. 약 100여 명이 로비와 식당에서 커피와 비스킷과 빵을 먹고 앉아 있다. 둘러보니 동양인은 나 혼자뿐이다. 남아 있는 빵과 비스킷은 많지 않았다. 혼자 다니면 먹을 수 있을 때 먹어두는 것이 좋다. 입안이 칼칼하여 몇 개만 먹었다.

5시경 미니버스를 타고 열기구 타는 들판으로 이동했다. 어둡지만 희미하게 열기구가 하나둘 보이기 시작했다. 커다란 선풍기가 돌아가며 열기구 속으로 바람을 힘차게 넣고 있다. 열기구가 크기 때문에 시간이 오래 걸릴 것 같다. 누워 있던 풍선이 홀쭉해지고 점점 탱글탱글 변화하는 모습이 재밌다. 선풍기 돌아가는 소리와 토치에서 불이 뿜어져 나가는 소리가 고요한 새벽을 깨운다. 옆에 있는 열기구 토치에 불을 점화한다. 환한 불꽃을 보니 짜릿한 긴장감이 든다. 하늘로 올라갈 준비를 마친 열기구가 오뚝이처럼 벌떡 일어섰다. 생각보다 훨씬 더 큰 풍선들의 향연이 시작된다. 날아오를 준비를 마친 열기구가 하늘을 향해 천천히 올라간다.

파일럿의 프로 정신

벌룬 투어에서 중요한 것은 기후와 파일럿이다. 파일럿 대부분이 남자

인데, 내가 탄 열기구는 뜻밖에 미소가 싱그러운 여성이다. 환한 미소로 반갑게 인사를 주고받았다. 벌룬 투어에 관해 간단한 설명을 했다. 기본적인 랜딩 포지션 연습을 가볍게 했다. 잠시 후 불 조절하는 밸브를 힘차게 몇 번 당겼다. 나무로 만들어 가볍게 보이는 곤돌라는 아직 잠자고 있는 대지에서 떨어져 천천히 올라간다. 점화 밸브를 당길 때마다 뜨거운 불꽃이 커다랗게 생성되어 열기구 안으로 들어갔다. 뜨거운 열에 비닐이 타지 않는 것이 신기했다.

곤돌라에 탄 사람들에게 어디에서 왔는지 물었다. 16명은 각자 자기 나라 이름을 불렀다. 나는 큰 소리로 "코리아!"라고 외쳤다. 파일럿은 웃으면서 "웰컴 투 터키, 코리아."라고 화답했다. 현재의 고도를 말하면서, 열기구가 더 높이 올라가게 조정했다.

300m, 500m, 700m, 1,000m. 1,500m.

밑으로 내려다보니 아찔하다. 땅이 까마득하게 아래에 있다. 고소공포증이 있는 사람은 다리가 후들거리겠다. 바위와 집들이 점처럼 작았다. 비로소 땅에서 높이 올라와 떠 있음이 실감 났다. 기구는 흔들림이 없다. 의외로 무섭지 않다.

"날씨와 바람이 이래서 중요하구나!"

하늘에서 내려다보니 독특하게 생긴 바위와 이색적인 지형의 풍광이 펼쳐졌다. 지구 안에 또 다른 행성이 있는 것 같다. 카파도키아는 오래전 바다가 융기되고 지반이 침하해서 지금의 형태가 되었다. 기하학적으로 멋진 예술작품을 보는 것 같다. 이렇게 신비로운 땅이 지구에 또 있을까? 벌룬 투어도 이런 곳에서 해야 더 멋지다. 각기 다른 색의 열기구들이 어우러져 하늘에 아름다운 꽃무늬를 보여준다. 이 멋진 장관을 보기 위해 비싼 돈을 주고서라도 타는 것 같다.

"야! 멋지다!"

일행들의 입에서 자연스럽게 가벼운 탄성이 나왔다. 하늘에서 이런 광경을 보는 것은 처음이라 놀라움 그 자체다. 카메라와 스마트폰에 번갈아 담기 바빴다. 셔터 소리가 경쾌하다. 파일럿은 괴레메 명소들을 다니며 친절하게 설명했다. 점화 밸브로 불의 강약을 작동하며 자유자재로 다녔다. 중요한 동굴은 안을 들여다볼 수 있도록 고도를 낮추었다. 오르락내리락하는 중에도 설명을 이어간다. 작은 바구니 4개 안에 있는 16명이 다 볼 수 있도록 방향을 천천히 회전한다. 세심하고 친절한 배려가 느껴져 기분 좋다. 몇 개의 열기구는 제자리에 떠 있는 것처럼 보였다.

하늘에서 본 찬란한 일출

검은 산 너머로 태양이 얼굴을 빼꼼히 내밀었다. 지구인들은 지금 무엇을 하나 엿보는 것 같았다. 반갑다며 방긋 웃었다. 순식간에 스윽 하고 떠올랐다. 그렇다고 갑자기 밝아진 것은 아니다. 하늘에서 선선한 바람과 상쾌한 공기를 마시며 떠오르는 태양을 처음 본다. 오늘 태양은 특별하다. 나와 마주하고 있기 때문이다. 날씨가 좋아서 떠오르는 태양을 놓치지 않고 보았다. 기분이 말로 표현할 수가 없다. 뭉클한 감동 그 자체다.

"황홀하다."

곤돌라에 있는 16명의 얼굴이 발그스레 물들고 있다. 씻지 않아 부스스한 얼굴이지만 찬란한 빛에 반사되어 아름답다. 그들은 표정으로 "나는 지금 행복하다."라고 말하고 있다. 원더풀! 뷰티풀! 판타스틱! 어메이

징! 캬, 좋구나! 금발의 아주머니와 벅찬 감동을 미소로 주고받았다. 땅에서 보던 태양이 오늘은 훨씬 더 밝고 환하다. 벌룬 투어가 나에게 멋진 선물을 주었다.

　바다에서 유영할 때와는 또 다른 감동이다. 직립 보행을 하는 인간이 바다와 하늘을 다닐 수 있는 것은 과학의 놀라운 능력이다. 하늘을 날아다니다 보니 시간 가는 줄 몰랐다. 독특한 지형을 구경하느라 지루함이 없다. 이렇게 주위 환경이 흥미로워야 재밌다. 어느덧 땅으로 내려가야 할 시간이 다가왔다. 아쉽다. 이대로 더 날고 싶다. 다른 곳으로 훨훨 날아가고 싶다. 『80일간의 세계 일주』의 표지가 생각났다.

열기구는 정확하고 안전하게 착륙했다

파일럿은 지상에 있는 직원과 무전기로 교신을 주고받았다. 아쉽게도 이제 땅으로 돌아갈 시간인 것 같다. 착륙할 지점이 정해졌다. 교신했던 직원과 차가 보인다. SUV와 트레일러가 열기구를 맞이하기 위해 빠르게 움직이고 있다. 다른 차와 열기구가 만나는 장면을 연속 촬영으로 담았다. 신기하고 재밌다.

이제 우리 차례다. 차와 트레일러가 열기구가 안전하게 내려올 수 있는 평지에 정차하고 기다렸다. 곤돌라에는 조종 장치가 없는데, 한 번만에 트레일러 위에 정확하게 착륙했다. 착륙도 이륙만큼 흔들림 없이 부드러웠다. 베테랑이다. 축하 박수와 환호성이 대지의 아침을 깨웠다. 테이블 위에는 미끈한 샴페인 글라스가 반짝이고 있다. 파일럿은 나이가 제일 어린 학생을 앞으로 불러 함께 샴페인을 터트렸다. 채워진 잔을 들어 함께 건배했다. 열기구를 배경으로 파일럿과 기념사진을 찍었다. 잔을 들어 열기구 하나를 빠트렸다.

열기구는 생각보다 거대했다. 아이들은 부풀어 있는 열기구에 드러누우며 재미있게 놀았다. 나도 열기구 위에 몸을 날렸다. 푹신했다. 직원들은 바람을 빼기 위해 바쁘게 움직였다. 시간이 오래 걸릴 것 같다. 분주하게 움직이는 직원들에게 나도 힘을 보탰다. 팽팽했던 열기구는 바람이 빠지면서 홀쭉해졌다. 해파리를 닮았다. 다음엔 패러글라이딩을 하고 싶다.

집으로 가는 길

"보람찬 하루 일을 끝마치고서."

한밤중에 일어나 새벽에 열기구를 타고 하늘을 날아다녔다. 떠오르는 태양을 처음 본 감동을 가지고 집으로 돌아가는 길이다. 괴레메는 나무가 많지 않고 바위가 많은 작은 마을이다. 척박해서 어디서 농사를 지을지 궁금했다. 관광객을 상대로 하는 일이 주 수입원일 것 같다. 큰 바위를 파내 사람이 살았고, 지금도 살고 있다. 사람은 환경에 적응하며 살아간다.

현재 시각 7시 10분. 조용한 이른 아침이다. 호스텔에 도착하니 잘생긴 셰퍼드가 꼬리를 흔들며 다가왔다. 녀석은 나를 기억하고 있었다. 짖지 않고 점잖다. 이대로 방에 들어가기에는 뭔가 아쉬워 테라스 벤치에 앉아 하늘을 보았다. 여전히 열기구 몇 개가 두둥실 떠다니고 있다. 늦게 올랐나 보다. 일출은 보았을까? 구름 한 점 없는 파란 하늘에 떠 있는 하얀색 열기구가 선명하다. 선셋 포인트 정상에 터키 국기가 펄럭인다. 내일 아침은 저곳에 올라가서 열기구들의 다른 풍광을 보려고 한다. 하늘에서 보는 것과는 다를 것이다. 궁금하고 기대된다.

지난밤은 제대로 잠을 못 잤다. 이제 자러 가야겠다. 숙소인 동굴 안은 어둡고 모두 곤히 자고 있다. 발꿈치를 들고 내 침대로 돌아와 누웠다. 조금 전 하늘에서 있었던 일들을 떠올렸다. 몇 시간 동안 꿈같은 시간이 흘렀다. 벌룬 투어가 기대 이상으로 좋아서 하길 잘했다는 생각이 들었다. 잠깐 눈을 붙여야 오늘 일정을 소화할 것이다. 꿈에서는 더 오래 타겠지. 내일은 또 어떤 선물 같은 하루가 펼쳐질지 기대된다.

독특한 지형-로즈밸리 투어

괴레메에는 다양한 투어와 액티브가 많다. 새벽에 벌룬 투어를 했으니, 오후에 로즈밸리 투어를 신청했다.

호스텔에서 5시에 출발했다. 가이드가 호스텔 매니저와 셰퍼드다. 미니버스를 타고 바위가 많은 곳에 내렸다. 모래 위를 걷고 바위산을 오를 텐데 슬리퍼를 신었다. 안나푸르나 베이스캠프 트래킹할 때가 생각났다. 셰르파와 현지인들은 닳은 슬리퍼를 신고 가파른 산길을 올랐다. 신발을 사서 선물로 주고 싶었다.

신비롭게 생긴 바위들이 많다. 현무암으로 형성된 큰 바위들이 버섯을 닮은 특이한 모양으로 서 있다. 지구가 아닌 영화에서 본 듯한 외계인들이 사는 별에 온 것 같다. 어떻게 만들어졌을까? 오래전 융기와 침식 작용에 더하여 햇빛, 바람, 비가 만들었다. 세월이 더 많이 지나면 지금과는 다른 모습으로 바뀔 것이다. 감동은 변함없을 것이다.

먼지 폴폴 날리며 풀이 드문드문 보이는 메마른 땅을 30여 분 정도 걸었다. 바위 계곡 입구에서 어머니와 아들이 오렌지주스를 팔고 있다. 싱싱하지만 시원해 보이지 않았지만 비타민 C를 보충했다. 안으로 들어가니 큰 바위 안에 오래된 벽화가 있다. 초등학생이 데칼코마니로 무늬를 찍어놓은 것 같다. 벽지를 닮았다. 무엇을 표현한 것일까? 뭔가 의미하는 것이 있을 것이다.

본격적으로 오르막이다. 미끄러지지 않게 발바닥에 힘을 주고 걸었다. 그늘진 계곡에 말 여러 마리가 묶여 있다. 트래킹을 하고 잠시 쉬는 것 같다. 무리와 떨어져 있는 흰말에게 눈이 갔다. 잘생긴 말을 보면 기분이 좋아진다. 말갈기가 반질반질 윤나고 매끄럽다. 크고 맑은 눈동자, 탄력 좋은 피부, 탱탱한 엉덩이, 잘 빠진 다리. 쓰다듬어주고 싶다.

신비롭고 아름다운 동굴 석양

다른 동굴 속에도 벽화가 그려져 있다. 흐른 세월에 비해 성화의 보존 상태가 양호하다. 색채도 어떤 것은 선명하다. 예수 그리스도의 얼굴은 손상되지 않았다. 여러 사도의 얼굴만 많이 훼손되었다. 얼굴과 목을 손상하면 영혼이 없어진다는 이야기를 들은 것 같다. 이슬람교도들이 그랬을 것이다. 종교는 때로는 맹목적이며 타 종교에 대해서 배타적이다.

초기 기독교인들은 종교 박해를 피해 이곳에서 살았다. 신앙을 버리지 않고 굳건한 믿음을 성화로 표현했다. 믿음은 어려운 가운데 더욱 단련되는 것 같다. 신앙과 믿음에 대해 생각하게 했다.

태양이 서쪽으로 낮아지면서 햇빛을 받아 구릉과 바위들의 색이 변하기 시작했다. 곳곳에 솟아 있는 연한 황토색 기암괴석들이 주홍색에서 붉은색으로 조금씩 변한다. 바위들이 춤을 추는 것 같다. 밝은 주황색으로 변한 바위들의 어우러짐은 황홀했다. 그래서 로즈 투어라고 하는 것 같다. 괴레메가 품고 있는 특징적인 바위 숲이 있기 때문에 가능하다. 지금까지 이런 풍광은 보지 못했다. 딱 좋다. 완벽하다. 로즈밸리 투어는 이 장면만으로 충분하게 값어치를 했다. 볼수록 신비롭다. 색다른 감흥을 주었다.

촬영한 사진을 혼자 보기 아쉬워 옆에 있는 일행에게 보여주었다. 그녀는 감탄하며 다른 일행들에게 카메라를 보여주었다. 그들은 그냥 한번 보고 스쳐 지나온 바위가 이렇게 아름다웠다는 사실에 놀랐다. 엄지척이다. 사진작가냐고 물었다. 카메라를 가지고 있으면 사물을 조금 더 자세하게 보게 된다. 관심을 가지고 유심히 보게 된다. 다른 시각으로, 다른 눈높이로 뷰파인더를 본다. 그러면 보이지 않던 것이 보인다. 눈으

로 보는 것과 달리 더 멋지게 촬영되는 경우도 많다. 일행들은 구도가 멋있다며 자기들도 사진 찍어달라고 했다. 찍은 사진을 보고는 인생 샷이라며 좋아했다. 이메일로 보내주었다.

석양이 만든 그림 같은 풍경

자연이 만든 한 폭의 천연 그림이다. 노을이 분홍빛으로 곱게 물들어 간다. 낮은 구릉, 기암괴석, 말 탄 사람들이 잘 어울렸다. 아름다운 순간이다. 그냥 이대로 멈추면 좋겠다. 하늘이 만든 그림 같은 풍경에 감탄한다. 같은 하늘이라도 날씨와 장소에 따라 다르게 보인다. 태양은 서쪽 산 너머로 뉘엿뉘엿 넘어갔다. 해가 지면서 낮과 다른 모습을 본다. 수수한 맨얼굴에서 곱게 화장한 것 같다. 말로 형용할 수 없을 만큼 진한 감동으로 가슴이 뭉클했다. 지금, 이 순간 이곳에서 아름다운 풍광을 보는 것에 감사한다.

계곡 사이로 안개인가? 스모그인가? 수묵화에서 농담을 조절한 산수화를 보는 것 같다. 눈으로 보고 마음에 담아두기만 아쉽다. 시간이 흐름에 따라 희미해지고 잊혀지기 때문이다. 사진 한 장으로 오랜 세월을 뛰어넘어 기억이 되살아나는 경험이 많다. 그래서 사진을 많이 찍는다.

지금부터 매직 아워가 시작된다. 해가 떨어지고 캄캄해지기 전 30분을 '마법의 시간'이라고 한다. 사진 찍으면 멋지게 나온다. 눈으로 보지 못한 색감을 카메라는 포착한다. 부지런히 카메라에 담았다. 자연만으로도 충분히 아름답지만, 사람이 들어간 풍경도 괜찮다. 일행과 세퍼드는 나의 사진 모델이 되었다. 화면으로 보니 잘 어울렸다.

괴레메에 하나둘 불이 커지기 시작한다. 밤의 역사가 시작되었다. 더이상 내려가지 않고 이곳에 텐트 치고 싶다. 캄캄한 밤하늘에 촘촘히 박혀 영롱한 빛을 내는 별들을 보고 싶다. 지쳐 그만둘 때까지 별을 헤아리고 싶다. 괴레메 하늘엔 어떤 별자리가 있는지 궁금하다. 눈앞에 떨어지는 별도 보고 싶다. 공해가 없는 이곳은 도시에서는 볼 수 없는 많은 별이 반짝이는 밤하늘을 보여줄 것이다. 밤의 신세계를 경험하고 싶다. 아침에 떠오르는 태양을 맞이하고 싶다. 내려가기 아쉬운 발걸음을 겨우 옮겼다.

카메라에 대한 지식이 더 많으면 좋겠다. 지금의 감동을 고스란히 담고 싶다. 그림도 잘 그리면 좋겠다. 화폭에 지금의 느낌을 그대로 표현하고 싶다. 감각이 살아 있는 것 같아 기분 좋아지는 저녁이다. 한국에 있었다면 반복된 하루, 그저 그런 하루를 보내고 있을 것이다. 여행 오니 내가 살아 있다는 생각이 든다. 그래서 난 여행을 떠난다.

지하도시 데린큐우 & 그린 투어

"나보다 멋진 분이 앉아 계시네."

"형님, 잘생기셨어요. 하하하."

"오늘 팀은 사진 찍는 분이 계셔서 천천히 둘러보겠습니다. 시간은 충분할 것 같아요."

미니버스는 호텔 몇 곳을 들러 여행자를 태웠다. 그린 투어 가이드는 40대 중반 잘생긴 터키 남자다. 이름은 무스타파. 유행어를 섞어가며 한국말을 너무 유창하게 해서 우습기도 하고 신기하기도 했다. 동양인이 영어를 유창하게 하면 영어권 사람들도 그렇게 생각할까? 아내가 한국 사람이냐고 물으니 터키 아내와 딸 사진을 보여주었다. 한국어를 독학으로 배웠고, 한국은 일주일 방문한 것이 전부라고 했다. 한국어 잘하는 비결이 궁금했다.

데린큐우는 '깊은 우물'이라는 뜻이다. 1960년 닭을 쫓던 농부가 우연히 발견했다. 이렇게 우연히 발견한 유적들을 세계 여행을 다니다 보면 많이 만난다. 어른들에게 지난 일에 대해서 듣거나 역사를 배우면 유적지가 어디에 있는지 알 수 있지 않을까?

지하도시는 생각보다 훨씬 깊게 들어가고 안은 넓었다. 지하 55m, 지하 20층까지 되는 곳도 있다. 지금은 지하 8층까지 공개한다. 돌이라서 가능한 것 같다. 고대 철기시대부터 사람이 살았던 유적이 있다고 하니, 그것을 이용한 것 같다. 초기 기독교인들이 심한 종교 박해를 피해 이곳에 살았다. 지하 7층에 십자가가 있는 교회 유적이 있다. 카파도키아에는 지하도시가 30여 개 있다. 이곳에서 2만 명에서 4만 명이 살았다.

햇빛이 들어오지 않고 물을 비롯한 모든 것이 부족한 동굴 안에서 공동생활하기가 힘들었을 것이다. 종교의 힘이 대단하고 놀랍다. 다행히 환풍구가 있어 지하 깊은 곳까지 공기가 유입돼 숨 쉬는 데 불편하지 않았다. 동굴 안은 일정한 온도가 유지된다. 그런데도 답답했다. 공황장애가 있는 사람은 오래 구경하기가 힘들 것 같다. 어느 공간의 벽은 숯가마 터와 비슷하게 생겨 반가웠다. 천장과 벽에는 희미하게 프레스코화가 있다. 미로 같은 통로 곳곳에 둥근 돌문이 반쯤 열려 있다. 밀어보았다. 혼자서는 도저히 못 열 것 같다. 입구를 막은 곳도 여러 곳 있다. 외부 침입에 대비한 것 같다.

최근 8㎞ 떨어진 지하도시와 연결되는 통로를 발견했다. 영화에서 비숫한 형태의 도시를 본 기억이 났다. 땅굴 파는 것은 북한보다 한 수 위인 것 같다. 여러 통로가 미로처럼 있어, 잘못하면 길을 잃어버리겠다. 바깥으로 나왔다. 신선한 공기를 들이켜며 자유의 소중함을 깨달았다.

<스타워즈> 촬영지 & 살리메 수도원

나는 영화 보는 것을 좋아한다. 재미있게 본 영화 촬영지에 가면 마음이 설렌다. 지금 있는 곳은 <스타워즈> 촬영지다. 우리나라 촬영지 주변은 복잡한 관광지다. 이곳은 인위적으로 꾸미지 않았다. 자연 그대로다. 오히려 보기 좋다. 중국에 『삼국지』가 있다면, 미국에는 <스타워즈>가 있다. <스타워즈>는 40년 동안 사람들의 관심과 사랑을 받았다. 1977년 1편 <새로운 희망>부터 2017년 10편 <라스트 제다이>까지 나왔다.

기암괴석을 비롯하여 삐죽삐죽한 여러 바위가 모여 있다. 주변이 온통 바위뿐이며, 푸른 나무와 풀이 없어 삭막하다. 생명체가 눈에 띄지 않는다. <스타워즈>에서 본 눈에 익은 혹성이다. 가이드가 말했다.

"<스타워즈>를 여기서 촬영한 것은 아니고, 조지 루카스 감독이 이곳에서 영감을 받았다고 합니다."

살리메 수도원이 옆에 있다. 일반적으로 생각하는 수도원이 아니다. 지금까지 가본 수도원은 숲속에 있어서 조용하고 평화롭다. 그곳은 마음의 안식을 얻고 기도하기 좋은 곳이었다. 거대한 바위를 깊게 파고 수도원과 학교와 거주지를 만들었다. 투박하고 거친 질감의 바위를 파면서 어떤 생각을 했을까? 얼마나 오랜 시간이 걸렸을까? 놀랍게도 곳곳에 2층이 많다. 임시방편이 아니라 제대로 잘 만들었다. 사람은 열악한 환경에서도 적응하며 산다. 대단하다.

여행자는 곳곳을 둘러보며 생각에 잠긴다. 사람은 종교를 만들고, 그 종교에 의해 핍박을 받고 죽기까지 한다. 밖으로 나오니 햇살이 눈 부시며 따갑다. 도로 건너편에 집과 숲이 보인다. 사막의 오아시스 같다. 가이드가 도롯가의 키 큰 나무가 무슨 나무인지 아느냐고 물었다. 미니버스 안은 침묵이 흘렀다.

"미루나무 꼭대기에 조각구름 걸려 있네.
솔바람이 몰고 와서 살짝 걸쳐놓고 갔어요."

가이드가 동요 첫 소절을 불렀다. 터키 중년 남자가 한국 동화를 부르다니, 놀라워서 박수가 저절로 나왔다. 여름 날씨인데 한국에서 짱짱하게 우는 매미 소리는 들리지 않았다. 이곳에는 어떤 종류의 꽃과 곤충들이 살고 있을까? 물이 흐르는 곳에 식당이 있다. 우선 수박 주스로 더위와 갈증을 해소했다. 주위에 푸른 산이나 계곡이 없다. 어디서부터 시작되어 흘러오는 물일까? 광야같이 메마른 곳에는 물이 최고다. 점심으로 렌틸콩으로 만든 수프와 닭 볶음밥을 먹었다.

카파도키아의 그랜드 캐니언-으흘라라 계곡(Ihlara Vally)

"미국에 그랜드 캐니언이 있다면, 터키에는 으흘라라 계곡이 있습니다."

으흘라라, 이름이 특이하다. 의성어 같다. 그랜드 캐니언을 가본 나는 빙그레 미소 지었다.

"비슷하다는 이야기겠지."

가이드가 으흘라라 계곡 입구 앞에 있는 지도를 가리키며 설명했다. 약 2시간 정도 부담 없이 가볍게 트래킹하는 코스라고 한다. 깎아지른 듯한 절벽이 멋지다. 위에서 아래를 보니 까마득하다. 그랜드 캐니언의 스케일에는 못 미치지만 생김새는 비슷하다. 할리우드 산 중턱에 'HOLLYWOOD' 간판이 있는 것처럼, 바위 가운데 'IHLARA VALLEY' 간판이 눈에 띈다.

300계단을 내려가야 한다. 이 정도쯤은 힘들지 않게 내려간다. 이 계단으로 다시 올라오지 않는다니 다행이다. 카파도키아에서 유일하게 녹색 숲을 볼 수 있어서 현지인도 많이 찾아온다. 내려가는 도중 동굴 교회 안에 들어갔다. 기독교인들이 피신해 살면서 교회를 만들고 안에 성화 벽화를 그렸다. 성화의 많은 부분이 회칠되고 훼손되었지만, 이 정도라도 남아 있어서 다행이다. 그 당시 신앙인들의 믿음을 느낄 수 있었다. 가슴이 뭉클하다. 끝까지 살아남았을까? 그다음 역사가 궁금하다. 기독교인들은 박해와 핍박을 믿음으로 견뎠을 것이다. 으흘라라 계곡에는 30여 개 동굴 교회가 있다.

협곡을 사이에 두고 양쪽으로 기암괴석이 병풍처럼 둘러싸여 있다. 바위들의 시간이 켜켜이 쌓이고 모여서 저런 모습을 만든 것 같다. 헌책방에 책을 쌓아둔 것 같다. 변산반도 부안에 있는 채석강이 생각났다. 이곳도 영화 〈스타워즈〉의 배경이다. 영화의 한 장면이 떠올랐다.

옆으로 물이 흐른다. 물소리가 경쾌하다. 시원하다. 특이하게 생긴 바위 절벽을 보면서 흙길을 걷는다. 가끔 햇볕을 가려주는 숲속으로 걷기도 한다.

물이 흐르는 천연 카페

유럽에서 부러운 것 중의 하나가 노천카페였다. 그 이유는 따뜻한 햇볕을 받으며 차 마시며 앉아 있는 사람에게서 여유로움을 느꼈기 때문이다. 자연 속에 카페가 있으면 금상첨화다. 사람 때가 묻지 않고 자연 친화적인 카페에 왔다. 대나무로 만든 지붕, 나무로 만든 테이블과 의자가 정겹다. 천연 카페 뒤는 풀 한 포기 없는 바위산이다. 바깥에는 뜨거운 햇살이 내리쬐는데, 이곳은 시원하다. 여기가 바로 오아시스다.

미소는 항상 보는 사람으로 하여금 기분 좋게 한다. 터키 사람들은 인도 사람처럼 사진 찍는 것을 좋아하고 즐긴다. 멋진 풍경도 좋지만, 자연스러운 사람을 찍는 것도 좋아한다. 마음에 드는 사람을 만나면 미리 양해를 구한다. 그러나 순간 포착을 위해선 그럴 시간이 없다. 그때 카메라를 보고 밝은 미소를 짓거나 기분 좋은 동작을 취하면 유쾌하다. 미소지으며 고맙다고 하고 엄지 척 한다. 터키에서 인상을 찌푸리거나 싫어하는 사람을 보지 못했다. 테이블 위에 깔린 두툼한 카펫의 문양이 마음에 들었다. 사진을 찍고 있으니 아주머니가 문 양옆에 놓여있는 물병을 치워준다. 난 터키가 마음에 든다.

물에 담겨 싱싱한 오렌지를 짠 즙을 가지고 의자에 앉았다. 신발을 벗고, 양말을 벗고, 바지 밑단을 걷어 올렸다. 흐르는 물에 발을 담갔다. 시원하다 못해 발이 시렸다. 20분 동안 가이드와 일행들과 이런저런 이야기를 나누었다. 발바닥의 화끈거림과 피곤함이 풀리는 것 같다. 발에 묻은 물을 탈탈 털어내고 손수건으로 닦았다. 손수건은 씻어 물을 축여 목에 둘렀다. 몇 시간쯤은 거뜬하게 더 걸을 수 있을 것 같다.

비둘기 계곡 & 나자르 본주 & 알라딘 램프

우치사르, 이름이 멋지다. 지금 1,300m 고지대에 서 있다. 눈 앞에 펼쳐진 풍경을 보니 지구가 아니다. 사방팔방 독특한 기암괴석으로 가득한 행성에 왔다. 화산 폭발과 바다의 융기로 멋진 절경이 되었다는 것이 놀랍고 신비롭다.

건너편이 비둘기 계곡이다. 바위들이 유독 희다. 비둘기들이 사는 아파트어서 그런 것 같다. 터키 사람들은 닭보다 비둘기를 많이 키우는 것 같다. 오래전에는 수십만 마리가 있었다. 석양을 배경으로 집으로 돌아오는 모습은 장관이었을 것이다. 지금은 낮잠을 자는지, 해외여행을 갔는지 많이 보이지 않았다.

"비둘기처럼 다정한 사람들이라면
장미꽃 넝쿨 우거진 그런 집을 지어요.
메아리 소리 해맑은 오솔길을 따라
산새들 노래 즐거운 옹달샘 터에
비둘기처럼 다정한 사람들이라면
포근한 사랑 엮어갈 그런 집을 지어요."

오랜만에 부르는데, 신기하게도 노래가 술술 나왔다. 나무에 열매가

아니고 나자르 본주가 주렁주렁 달렸다. 나자르 본주는 터키 사람이 부적처럼 생각한다. 어디서든 볼 수 있다. 불운을 막아준다고 믿는 '악마의 눈'이다. 왜 이름을 악마의 눈이라고 지었을까? 모스타르에서 하나 샀었다.

기념품 가게에 흥미로운 물건이 있다. 영화에서 본 램프다. 마음에 드

는 알라딘 램프를 들어 비비면서 "수리수리 마수리 얍!" 나의 소원 3가지를 들어줄 지니는 펑 하고 나타나지 않았다. 상심한 나는 남자에게 좋다는 해바라기 씨만 까먹었다.

터키 전통 목욕탕 하맘 체험

그린 투어의 마지막 코스는 역시 쇼핑이다. 주름살을 펴주고 향이 좋은 장미 오일과 달콤한 로쿰을 샀다. 로쿰은 터키 사람들이 좋아하는 간식으로, 겉과는 달리 쫀득하며 달다.

하루종일 같이 다녀 정이 들었다. 헤어지기 아쉬워 단체 사진을 찍었다. 터키에 왔으니 터키탕에 가야지. 1992년에 그리스에서 터키 친구 무하마드, 브라질 친구 프란시스코, 독일 친구 아돌프와 함께 여행했다. 기차 타고 이스탄불에 왔다. 무하마드가 이스탄불에 있는 주요 관광지와 현지인만 아는 곳을 안내하고 저녁에 하맘에 데려갔다. 천장이 높은 실내는 대리석으로 만들었으며 수증기가 가득했다. 털이 많은 터키 남자들이 편한 자세로 이야기하는 것이 인상적이었다. 홀 가운데 온탕은 수심이 깊었다. 거품 목욕과 알몸이 아닌 것이 신기했었다.

'ELIS HAMAM TURKISH BATH'

괴레메에 하나뿐인 하맘에 무스타파와 같이 왔다. 어제저녁에 사전 답사로 왔었다. 리셉션 안내문에 풀 패키지 25유로라고 적혀 있다. 매니저 털보 아저씨에게 말했다.

"너무 비싼데요?"

"너를 위한 특별 가격으로 20유로까지 해줄게."

"여행사에서도 20유로 티켓을 팔던데요?"

"여행사에서 파는 티켓과는 달라."

"뭐가 다른데요?"

"서비스가 달라."

무스타파와 매니저는 잘 아는 사이인 듯 인사를 했다. 15유로인, 100

리라를 주고 들어갔다. 로비는 터키 전통 분위기가 물씬 풍겼다. 실내는 헬스장 탈의실과 비슷했다. 현지 물가에 비해 비싸서 그런지 한산하다. 터키 남자들은 수줍어하며 수건으로 중요 부위를 가렸다. 일본 목욕탕이 생각났다. 얼굴과 목에 머드 비슷한 것을 덕지덕지 발라주었다. 사우나실에 들어가서 모래시계가 3번 바뀌면 나오라고 했다.

뜨겁지 않아서 달궈진 돌에 물을 부었다. 필리핀 골프장에 있는 사우나실이 생각났다. 모래시계를 5번 뒤집으니 땀이 흘렀다. 샤워하고 내실로 들어갔다. 이곳 역시 사방이 대리석이다. 높은 천장이 둥글다. 아라비아식 인테리어가 독특하다. 가운데 둥근 대리석 침대가 있다. 배가 불룩한 아저씨가 다가왔다. 편안하게 누우라고 했다. 커다란 하얀 베개 홑청 같은 것을 돌려 부풀게 했다. 비누 거품이 신기하게 많이 만들어졌다. 거품 안에 내가 들어가 있었다. 자신의 배에 내 머리를 대고 안마하는데 시원했다.

"으, 시원하다. 굿!"

엄지 척을 했다. "좋아?" 하면서 한 번 더 해주었다. 설렁설렁 미는 것 같은데 때가 나왔다. 아저씨는 때가 많이 나온다고 너스레를 떨었다. 웃으며 빡빡 세게 밀라는 손짓을 했다.

샤워하고 넓지 않은 탕에 들어갔다. 물이 뜨거우면 좋을 텐데, 미지근해서 아쉬웠다. 오랜만에 물속에 있는 것이 좋아 한참 있었다. 비누밖에 없다고 해서 준비해 간 샴푸와 린스를 사용하고 깔끔하게 면도했다. 닦고 나오니 소년이 따뜻하고 달달한 애플 차를 주었다. 휴게실에서 잠시 누워 있다가 나왔다. 밖에 나오니 밤하늘에 별이 초롱초롱하다. 한결 개운하고 몸이 가벼워진 것 같아 기분이 좋았다. 터키 전통 목욕 체험 끝.

웨딩 촬영과 하늘에 꽃피운 열기구

캄캄한 새벽에 옆 침대에서 말벗인 베네치아에서 여행 온 엘레나와 호스텔을 나섰다. 괴레메에서 제일 높은 선셋 포인트를 바라보며 걸었다. 그녀는 어제 왔었다고 해서 따라가는데 길이 막혔다. 스스로 길치임을 인정했다. 길눈이 좋은 내가 앞장서서 걸었다. 정상에는 이미 많은 사람이 기다리고 있었다. 여행은 사람을 부지런하게 만든다.

들판에 열기구들이 희미하게 보였다. 점화된 불꽃에 의해 꽃봉오리가 피었다. 잠시 후 열기구들은 하나씩 기지개를 켜기 시작했다. 빵빵해진 열기구들이 오뚝이처럼 벌떡 일어났다. 식당 앞에서 한쪽 손을 흔들고 오라고 하는 안내 풍선이 생각났다. 하나둘 하늘로 올라간다. 동쪽 산 위로 서서히 붉은 기운이 하늘을 물들이고 있다. 떠오르는 태양을 가슴으로 맞이한다. 기암괴석들이 연한 파스텔톤으로 변한다. 개성에 따라 색감과 명암이 천차만별이다. 멋지고 아름다운 색의 향연이다. 사람이 이렇게 하기는 힘들다. 자연이 만든 기기묘묘한 놀라운 작품이다. 그 사이에 열기구들이 가까이 다가왔다. 열기구 하나가 방긋 웃으며 나에게로 다가왔다. 손을 뻗으면 닿을 것 같다. 곤돌라에 있는 사람들을 사진 찍으니, 그들도 나를 찍었다.

웨딩 촬영하는 커플 여럿이 눈에 띈다. 뜻밖이다. 멋진 장소 선택이다. 땅과 곤돌라에 있는 여인들이 부러운 눈으로 본다. 떠오르는 태양과 형형색색 열기구를 배경으로 여러 포즈를 취한다. 서로를 지긋이 바라보는 커플 사이에 열기구 하나를 넣었다. 하트모양이 되었다. 화려한 옷을 입은 모델들에게 눈이 간다. 무술 기본 동작을 진지하게 하는 여인도 있다. 작은 스케치북에 열기구를 그리는 청년이 보기 좋다.

열기구들이 이렇게 많았었나? 자리를 옮겨 다니며 사진을 찍었다. 하늘에서 보는 것보다 훨씬 더 가깝다. 이곳에 있는 사람들의 얼굴이 감동으로 밝게 빛난다. 아침 공기가 상쾌하다. 바람도 적당하게 분다. 여기저기서 다양한 포즈를 취하며 즐겁게 사진을 찍는다. 엘레나에게 손을 뻗으라고 말했다. 손바닥 위에 열기구를 얹어 촬영했다. 사진을 보며 신기해하며 좋아했다. 이메일로 사진을 보내 달라고 몇 번을 이야기한다.

기대 이상으로 좋다. 사람들은 아름다운 풍경을 보면 감탄한다. "여행은 순수함과 자신감을 준다."라는 서양 격언이 있다. 열기구를 타고 하늘에서 보는 것과는 또 다른 멋짐이다.

쫀득쫀득한 돈두르마

좋아하는 열대과일의 황제 두리안보다 크다. 잭 푸르트 크기와 비슷하다. 색깔이 영락없는 밀가루 덩어리다. 통에 넣어서 치댄다. 이것은 밀가루 반죽이 아니라 터키 아이스크림 돈두르마다. 내 귀에는 구루마가 돈다로 들린다. 내가 한국인인 것을 용케 알아본다.

"쫀득쫀득하고 쫄깃쫄깃한 아이스크림 있어요."

사교성 있는 청년의 웃는 얼굴이 귀엽다. 사진을 찍어도 되냐고 물으니 좋다며 돈두르마 덩어리를 번쩍 들어 폼을 잡는다. 몇 컷 찍으니 잠깐 기다리라며 빨강 모자를 쓴다. 센스 있다. 찍은 사진을 보여주니 마음에 든다며 좋아했다. 아이스크림을 덤으로 한 스푼 더 얹어주었다. 호스텔에서 대로변으로 가는 길목에 있다. 멀리서 나를 보고 아는 척하며 외친다.

"사장님, 쫀득쫀득하고 쫄깃쫄깃한 아이스크림 맛있어요."

매일 사 먹었다. 빨리 녹지 않아 좋다. 젤라토보다 더 맛있다. 가격도 훨씬 저렴하다. 부라노섬에서 젤라토를 맛있게 먹으며 활짝 웃던 효은이 생각이 났다.

"아빠가 많이 먹어주마."

현지인은 물론이고 관광객에게 인기 좋다. 손님에게 줄듯, 말듯 장난치는 것을 구경하는 재미가 있다. 정작 당사자는 손에서 아이스크림이 떨어진 줄 알고 깜짝 놀란다. 한 마디로, 가지고 논다. 몇 차례 반복하다가 웃으면서 아이스크림을 준다. 받는 사람도 유쾌하게 웃는다. 터키 어디에서나 볼 수 있다. 그런데 여성이 하는 것은 보지 못했다. 아마 치대는 힘이 있어야 하기 때문인 것 같다.

낙타와 노을이 외로워 보였다

해 질 무렵 선셋 포인트에 올라갔다. 커다란 터키 국기가 바람에 펄럭인다. 터키 국민은 터키 국기를 좋아한다. 어디서나 쉽게 터키 국기를 본다. 많은 사람이 서쪽 하늘에 지는 해를 보기 위해 기다리고 있다. 이곳은 작은 산등성으로 길게 이어져 있다. 걸을 수 있는 데까지 걸었다.

태양은 주위를 핑크빛으로 물들인 후 검은 산 아래로 사라졌다. 하늘이 은은하게 물들고 있다. 노을은 감성을 촉촉하게 한다. 드론 하나가 붕, 소리를 내며 갑자기 나타나 사람들의 시선을 끈다. 가족과 연인과 친구들은 활짝 웃으며 사진을 찍는다.

어느새 어둠이 내려앉았다. 기암괴석과 여러 모양의 크고 작은 집들이 어둠 속으로 사라졌다. 작은 불들이 하나둘 켜진다. 괴레메는 보석 상자처럼 반짝이기 시작했다. 사람을 태우기 위해 낙타 한 쌍이 가만히 앉아 있다. 전체적으로 잘생긴 얼굴인데 두꺼운 입술이 망쳤다. 눈이 선하게 생겨 슬프게 보였다. 덩치 큰 동물들의 눈은 비슷하게 생겼다. 먼 곳을 응시한다. 무슨 생각을 하고 있는지 궁금하다.

낙타 등에 타고 일어날 때는 조심해야 한다. 순간적으로 앞으로 쏠리기 때문에, 마음의 준비를 하고 있지 않으면 비명을 지르게 된다. 인도 사막에서 2박 3일 동안 낙타 트래킹을 했었다. 낙타는 생각보다 크고, 높고, 빨랐다. 밤에 모래 위에 자리를 깔고 슬리핑백 안으로 들어가 누웠다. 많은 별이 나에게로 쏟아졌다.

로즈밸리 투어를 같이 했던 중국 여인 라오린을 우연히 만났다. 혼자라서 쓸쓸했는데, 아는 얼굴을 보니 반가웠다. 그녀는 밤 버스로 파묵칼레로 간다고 했다. 예전에 만난 여인은 밤에 귀국한다고 했었다. 로즈밸리 투어를 하면서 찍은 멋진 사진을 자신의 이메일로 꼭 보내 달라고 다시 이야기했다. 해지는 풍경이 아름다워 휴대폰으로 찍었는데 마음에 들지 않는단다. 카메라 사진을 보더니 이 사진들도 보내 달라고 부탁한다.

"저녁 사세요."

괴레메에서의 마지막 날

괴레메에서 4박 5일 동안 여러 사람을 만나 이야기를 나누었다. 나 홀로 여행의 매력이다. 호스텔에서 숙식을 함께한 세계 각국에서 온 여행자들. 벌룬 투어, 로즈밸리 투어, 그린 투어를 같이한 사람들, 거리에서 만난 터키 사람들. 모두가 따뜻하고 유쾌하고 좋은 사람들이었다. 짧은 만남이었지만 부담 없이 좋은 인상을 주고받았다. 앞으로 다시 만나지는 못할 것이다. 예전 같았으면 주소를 주고받아 몇 차례 편지가 오고 갔을 것이다. 여행도 인생처럼 많은 만남과 헤어짐의 반복이다.

오후에 빨래해서 2층 테라스 빨랫줄에 널었다. 햇볕이 좋아 뽀송뽀송하게 될 것이다. 잘 마른 옷의 촉감이 좋다. 테라스 테이블에 앉아 다섯 번째 엽서를 적는다. 오가는 여행자들이 호기심을 가지고 구경하면서 어느 나라 글자인지 물었다. 한글을 처음 보는 여행자들이 아름답다고 호감을 표현했다. 본인의 이름을 한글로 적어달라고 종이를 내민다. 같이 사진 찍기를 청하는 여행자들과 셀카를 찍었다.

호스텔에서 아침 식사를 준비하고, 청소하는 아주머니와 친하게 지냈다. 첫날 시트 한 장과 수건을 더 달라고 하니, 하얀 시트와 커다란 타월을 주었다. 터키식 아침 식사 때마다 삶은 계란을 하나 더 챙겨주었다.

호텔에서 가져온 얇은 슬리퍼를 신고 다녔더니, 2인실에 비치된 바닥 두꺼운 슬리퍼를 챙겨주었다. 고마운 마음에 한국에서 가져온 기념품을 주니, 얼굴이 환해지면서 무척 좋아했다.

매니저와는 오가며 짧은 이야기를 나누었다. 로즈밸리 가이드를 하면서 내가 찍은 사진을 좋아했다. 그린 투어와 공항 가는 셔틀버스를 잘 예약해주었다. 체크 아웃하면서 내가 쓴 책을 주었다. 저자에게 처음 받은 책이라면서 좋아했다. 사무실에 두고 한국 여행자들에게 자랑할 거라면서 사인해 달라고 했다.

또 다른 추억을 만들기 위해 이스탄불에 왔다

투명한 햇살이 비행기의 작은 창문을 두드렸다. 햇살이 눈부시게 쏟아진다.

일망무제, 망망대해.

눈 앞에 펼쳐진 하늘과 바다색이 닮았다. 솜사탕 같은 구름은 자유롭게 바다와 땅 위를 떠다닌다. 하늘에서 땅을 보면 인간이 작음을 깨닫게 된다. 자신의 현실을 인정하면 쓸데없는 데 힘을 쓰지 않게 된다. 삶에 관하여 조금은 겸손해진다. 시간의 흐름 속에서 기억은 희미해지지만, 추억은 세월이 아무리 흘러도 잊히지 않는다. 다양한 경험이 많을수록 기억의 공간은 풍성해진다. 여행은 하루를 길게 보내게 한다.

아, 이스탄불! 익숙함은 편안함이다. 정들면 집에 온 것같이 마음이 푸근해진다. 익숙한 햇살과 바람과 터키 사람들이 정겹다. 공항에서 하바버스를 타고 탁심광장으로 가면서 주위를 둘러보는 여유가 생겼다.

40일 전 26년 만에 돌아와 2박 3일 동안 추억여행을 다녔다. 그때는 보이지 않던 것이 지금은 보인다. 2박 3일 동안 어떤 일을 경험하고 느끼게 될까? 마지막 여행지인 이스탄불에서 일어날 일을 생각하면 여행자는 행복해진다.

화려한 돌마바흐체궁전

매끈한 트램 종착역인 타바코쉬역에서 5분 걸어서 돌마바흐체궁전 입구에 도착했다. 입장권을 사는 줄이 엄청 길다. 입장 시간이 5시까지다. 현재 시각 4시 10분, 체크인하고 잠시 여유를 부렸는데, 조금 후회된다. 오늘 들어가야 한다.

4시 55분, 60리라를 주고 입장권을 구매했다(1리라 190원=11,400원). 패키지로 오면 선택 관광으로 60유로다(1유로 1,350원=81,000원).

돌마바흐체를 듣는 순간 돌을 든 바흐가 생각났다. '가득 찬 정원'이라는 뜻이다. 터키어 Dolma=Filled, bahce=garden. 중세 유럽에서 큰소리쳤던 오스만 튀르크 제국. 동서고금을 막론하고 영원히 지속되는 나라는 없다. 달도 차면 기울듯이 말기에 세력이 급격히 떨어졌다. 현실을 받아들이지 못한 술탄은 만회하기 위해, 프랑스 베르사유궁전을 보고 우리도 만들 수 있다고 생각하여 보스포루스해협을 개간하여 건축했다. 1856년의 일이다. 베르사유궁전은 화려하고 호화롭다. 더 놀라운 것은 끝이 보이지 않는 넓은 정원과 깔끔한 조경이었다. 경복궁을 떠올리며 우리나라 왕은 소박하게 살았다고 생각했었다. 결국 막대한 건축비를 쏟아부어 왕실 재정이 더욱 악화되고, 대제국이 멸망했다. 권력자들의 헛된 욕망이 국민을 도탄에 빠지게 하고, 결국 나라가 망했다. 어리석은 결과물들을 세계여행하면서 많이 보았다. 얼마나 부질없는 짓을 한 것인지.

매표소 옆에 있는 황제의 문으로 들어갔다. 중세시대에는 술탄과 각료들만 드나들었던 문이다. 부조(평면상에 형상을 입체적으로 조각하는 기법)가 멋지다. 정원을 지나 본관에 도착했다. 입구에서 덧버선을 신게 했다.

"그래, 문화유산은 아끼고 잘 보전해야지."

입장료와 관광 수입은 터키 나라 살림에 큰 도움이 될 것이다. 내부는 3층 대칭 구조로 만들었다. 생각보다 넓고 화려하다. 건축하기 위해 50만 금화가 들었다. 43개의 넓은 홀과 285개의 크고 작은 방이 있다. 내부를 꾸미고 장식하기 위해 금 14t, 은 40t을 사용했다. 화려한 샹들리에는 2t에서 4t을 포함해서 36개가 있다. 다양한 크기와 종류의 시계가 156개, 크리스털 촛대 58개가 실내를 꾸몄다.

유명한 명화가 560점 이상 걸려 있다. 바닥엔 장인이 한 땀, 한 땀 손으로 짠 대형 카펫이 깔려 있다. 궁전은 박물관이며 미술관이었다. 권력자는 이렇게 살았구나. 한 번뿐인 이생의 삶을 이렇게 사는 것도 좋았겠다는 생각이 들면서도, 허망하다는 생각이 들었다. 헛되고 헛되도다. 해 아래 모든 것이 헛되도다. 고급스러운 의자가 편해 보이지 않았다. 격식을 차리며 사치스러운 왕궁 생활보다 편하게 사는 지금이 더 좋다.

바다로 통하는 문

1시간여 동안 돌마바흐체궁전 내부를 둘러보았다. 전체 중에서 어느 정도 보았는지 궁금하다. 미루어 짐작건대 1/3도 못 본 것 같다. 호화로운 궁전을 보면서 여러 생각이 들었다.

인생이 자업자득이라고 하지만, 세상은 불공평하다. 공정하고 자유롭고 정의가 있는 세상을 소망한다. 가진 자는 물질에 대한 욕심이 끊임없이 일어나는 것 같다. 눈은 점점 높아져 더 좋은 것과 새로운 것을 가지고 싶어진다. 욕심이 패망을 부른다. 궁전 입구 반대편으로 나왔다. 햇살이 환하게 쏟아져 눈이 부셨다. 파도 소리가 꽃처럼 화사하게 피어났다. 커다란 갈매기가 날갯짓을 한다. 비릿한 바다 냄새가 코끝으로 파고들었다.

"와, 바다다."

멋진 조각을 한 문을 열면 보스포루스해협이다. 술탄과 왕족들은 이곳에서 영화에서 본 배를 탔을 것이다. 저 건너편은 유럽일까? 크고 작은 배들이 지나가고 있다. 오스만튀르크 왕조의 술탄들은 바다를 보면서 무슨 생각을 했을까? 권력자들은 세상을 지배하려고 한다. 가지고 있는 영토보다 더 넓게 영토 확장을 계획했을지도 모른다. 전성기 때는 동쪽 카스피해와 페르시아만 연안에서부터 서쪽으로 대서양 연안의 지브롤터해협까지 이르렀다. 남쪽 아프리카의 소말리아에서 북쪽 유럽의 오스트리아까지 영토를 넓혔다. 권력자가 되면 생각이 비슷하여 욕망이 생기는 것 같다.

터키 사람은 외국인에게 호의적이다. 눈이 마주치면 자연스럽게 미소 짓는다. 환한 얼굴이 화려한 궁전보다 아름답다.

우아한 백조와 모성이 가득한 사자

사람마다 개성이 있고 취향이 다르다. 민족도 그렇다. 돌마바흐체궁전의 정원은 유럽 정원과는 느낌이 달랐다. 아랍 분위기가 나면서 인도 정원도 조금 섞인 것 같다. 넓지 않은 정원에는 아름드리나무와 수국을 비롯하여 여러 꽃이 만발하다. 새와 나비가 어디에 숨었는지 많이 보이지 않아 조금 아쉬웠다. 이곳에 깃드는 새와 곤충들이 궁금하다.

한쪽 끝에 있는 작은 동물원에 갔다. 여러 종류의 새들이 있다. 공작이 날개를 활짝 펼치는 것을 보고 싶어 기다렸다. 어렸을 때 달성공원에 있는 공작은 12시에 날개를 펼쳤다. 정원 가운데 우아한 날개를 펼치고 있는 백조 분수대와 새끼들이 어미 품에 있어 모성애가 느껴지는 사자 조각상이 인상적이다.

궁전에 머물 수 있는 시간이 짧아 부지런히 움직였다. 술탄 왕족들이 이런 곳에서 살았구나 하고 간접 경험했다. 경비원이 문 닫을 시간이 다 되었다고 한다. 걸음을 빨리하여 마지막으로 정원에서 나왔다. 걸어가면서도 마음에 드는 것이 보이면, 셔터를 부지런히 눌렀다. 입장할 때 한국어 오디오 가이드가 있는 것이 반가웠다. 여권을 맡기고 한국어 오디오 가이드 기계를 받았다. 궁전 내부를 구경하는 데 도움이 되었다. 역시 아는 것만큼 많이 보인다. 오디오 가이드가 없었다면 그냥 스쳐 지나갔을 것을 설명 들으며 한 번 더 유심히 보았다.

사무실 직원은 퇴근하고 없고 사무실 문도 닫혔다.

"이런, 무책임한 사람을 보았나."

그나저나 큰일 났네. 여권이 없으면 불편하다. 내일 다시 와야 하나 하고 생각했다. 서양 여행자 몇 사람이 나와 같은 처지여서 당황하고 있

다. 다행히 궁 현관 경비실에 가면 여권이 있다고 알려주었다. 역시 터키는 나에게 실망을 주지 않는다.

대형 시계탑과 물억새

돌마바흐체궁을 나오니 바다 쪽으로 4층으로 된 고풍스러운 대형 석조 시계탑이 보인다. 1890년 술탄 압둘 하미드 2세의 명을 받아 건축가 샤프키스가 건축했다. 높이 27m, 8.5m다. 사면의 조각들이 정교하고 멋지다. 꼭대기에 둥근 시계와 오스만 제국 왕실 문양이 있다. 도심 광장 가운데 있었다면 많은 사람의 약속 장소가 되어 붐볐을 것이다. 시원한 물을 뿜는 분수가 있으면 더 좋았겠다.

시계탑 옆에서 햇살에 반사되어 은빛을 내는 것이 갈대인가, 억새인가? 석고의 단단함에 대비되어 부드러운 깃털이 포근하게 느껴졌다. 한국의 가을산하는 융단을 깔아놓은 듯 출렁인다. 많은 사람이 갈대와 억새를 혼동한다. 갈대는 수생식물이어서 물가에 무리 지어 2~3m까지 자란다. 억새는 볕이 잘 드는 산과 들에서 1m 20㎝ 내외로 자란다. 갈대는 산에서 자라지 못하지만, 억새는 물가에서도 자라는 물억새가 있다. 억새는 새털같이 하얗고 은빛 꽃이 가지런하게 핀다. 갈대는 처음에는 붉은색이지만, 갈색으로 어지럽게 핀다. 그렇다면 저 풀은 물억새인 것 같다.

한 블록 너머에 1853년에 건축한 돌마바흐체 모스크가 보인다. 모스크는 우주선을 떠올리게 한다. 상징하는 의미가 있을 것이다. 내부는 비슷하다. 천장에는 등이 달렸고, 바닥에는 여러 문양의 카펫이 깔렸다.

앉거나 서거나 엎드려서 기도하는 사람이 있다. 아랍풍의 스테인드글라스는 보지 못했다.

바다 옆으로 카페가 있다. 많은 사람이 바다를 보면서 이야기 나눈다. 나 홀로 여행자는 서성이다가 잠시 둘러보았다. 바다는 그림처럼 유람선이 떠 있고, 갈매기가 날아다닌다. 바다 건너편에는 여러 집들과 첨탑과 둥근 모스크가 눈에 들어온다.

아라비아 글은 재미있게 생겼다. 글자가 아니고 미술 작품 같다. 빨랫줄 같기도 하고 지렁이가 기어가는 것 같다. 모스크 밑으로 길게 금박으로 적힌 저 글자는 무슨 뜻일까? 호기심과 궁금함이 발동한다. 배우고 싶은 마음이 생겼다.

지하철 & 푸니쿨라 & 트램 & 기차

이스탄불은 인구 1,500만 명의 대도시다. 동서양의 교차로다. 레일 위로 다니는 교통수단이 4개 있다. 우리나라에는 푸니쿨라와 트램이 없기 때문에 신기하다. 인생길이 레일 위를 달리는 철마처럼 정해져 있다면 어떨까? 스릴과 재미는 없겠지만 어디로 가야 할지 선택의 고민은 없을 것 같다. 신호등 신호만 잘 지키면 된다.

이스탄불 지하철은 1875년 1월 17일에 개통되었다. 단거리 지하철인 튀넬은 런던에 이어 세계에서 두 번째로 만든 지하철이다. 이것을 보면 터키가 대단해 보인다.

푸니쿨라는 언덕 위로 올라가는 미니 산악열차다. 가파른 언덕을 편리하게 오간다. 해변에 있는 카바타스에서 고지대인 탁심광장까지 운행

한다. 정류장 실내 벽화는 푸른색이 많고 시원한 타일이다. 우리나라 달
동네에도 푸니쿨라가 있으면 좋을 것 같다.

도로 가운데 레일이 반짝인다. 우리나라도 1900년대 드라마나 영화
를 보면 전차가 도심을 달렸다. 전차와 비슷한데 한 칸이다. 이스탄불의
가장 번화가인 이스티크랄 거리를 왕복한다. 고풍스러운 건물 사이로
산뜻하고 귀여운 빨강 트램이 잘 어울려 한 폭의 그림이다. 샌프란시스
코 물결치는 언덕과 어울렸던 예쁜 옷을 입은 트램이 생각났다.

탁심광장은 낮과 밤 구분 없이 인산인해로 북적인다. 사람들의 표정
이 활기차고 밝아서 좋다. 축구 경기가 있었다. 응원하는 팀의 유니폼
을 입고 무리 지어 응원가를 부르며 행진한다. 경기 성적과 관계없이 응
원 열기는 최고인 것 같다.

주베이르 오작바쉬-양갈비

혼자 여행하면 고급 레스토랑에 가지 않게 된다. 현지인 식당에 가거
나, 길거리 음식을 간단하게 먹거나, 호스텔에서 햇반과 라면을 끓여 먹
는다. 한인 민박 주인과 여행자들이 이스티크랄 거리에 있는 양고기가
유명하다고 추천했다. 비린내가 나지 않아 맛있고 한국보다 저렴해서
몇 번 먹었다고 했다.

'그래, 양고기 본고장의 맛이 어떤지 맛보러 가자.'

이스티크랄 거리는 4차선 도로가 가득 찰 정도로 사람으로 붐볐다.
직선 도로 끝이 보이지 않는다. 현대식 건물들이 별로 없다. 오래된 건
물들이 어깨를 나란히 하고 이어졌다. 가는 데까지 걷다가 양고기 식당

이 있다는 골목길로 들어갔다. 번화가와는 분위기가 다르게 조용하다. 도시의 맨얼굴을 보는 것 같다.

"주베이르 오작바쉬."

이 식당을 상징하는 대형화로가 가운데 있다. 빨갛게 잘 타고 있는 숯불 위에 여러 종류의 고기 꼬치, 고추, 가지, 토마토가 먹음직스럽게 익어가고 있다. 안내를 받아 2층 계단으로 올라가는데, 벽에 많은 사진과 신문 스크랩이 걸려 있다. 유명한 식당인 것 같다. 분위기 있는 고급 레스토랑이다. 테이블에 하얀 식탁보가 깔려 있다. 양고기 갈비 1인분과 음료수를 주문하고(42+8리라), 내려가서 사진 촬영하고 테이블로 되돌아왔다. 지배인이 자기도 사진을 찍고 싶다며 카메라를 달라고 한다. 이런 경우는 처음이다.

잠시 후 자신이 찍은 사진이 어떤지 평가해달라고 했다. 주문한 음식이 나왔다. 작은 양고기 갈비 4대, 터키식 빵 라바쉬, 구운 고추와 토마토와 양파 샐러드가 먹음직스럽다. 양념과 숯불 향이 잘 배었다. 양고기인 줄은 잘 모르겠다. 한국에서 염소고기와 양꼬치를 먹을 때도 비린내는 못 느꼈다. 검색하니 이 집 양고기에 대해 극찬한 글이 있다. 솔직히 그 정도인지는 모르겠다. 필리핀에 3년 살면서 숯불바비큐는 많이 해 먹기도 하고 많이 사 먹었다. 무슨 고기든 양념을 해서 숯불에 구우면 달짝지근한 냄새가 구미를 돌우고 다 맛있다.

양이 적어서 아쉬웠다. 터키 식당의 특징은 빵이 무제한으로 제공된다. 옆 테이블에서 한껏 멋을 낸 아가씨 두 명이 양고기 갈비를 손에 들고 맛있게 뜯고 있다. 자주 먹는지 자연스럽다. 눈이 마주치니 살짝 웃는 얼굴이 귀엽다. 역시 미소는 미소를 부른다. 터키 음식은 우리 입맛에 맞아서 여행하기 즐겁다. 세계 3대 음식에 속할 정도로 많은 사람들에게 사랑받는다.

이스티크랄 거리로 나왔다. 크고 작은 식당마다 진열장에 먹음직스러운 음식들이 일주일 넘게 다녀도 다 못 먹을 정도로 종류가 많다. 내 배가 부르니 군침은 돌지 않는다. 유니폼을 입은 남자들이 어제보다 더 많이 몰려다닌다. 흥이 있는 민족이다. 거리 한쪽에서는 처음 보는 타악기를 두드리며 거리 공연을 한다. 특별 할인 행사로 아이스크림 하나에 1리라다. 줄을 서서 기다렸다가 2개를 샀다. 양쪽 손에 들고 아이스크림을 먹으면서 시내 구경하는 재미가 좋다. 큼직한 홍합에 레몬을 뿌려서 맛있게 먹고 있다. 좋아하는 홍합이지만, 제철이 아니라서 참았다. 여행다니면서 배탈 나서 고생하면 즐거운 여행에 차질이 생긴다.

로쿰 & 케밥 & 돈두르마

이스티크랄 거리에는 역사와 전통을 자랑하는 로쿰 가게가 많다. 1864년에 개업한 제일 유명한 로쿰 가게 안으로 들어갔다. 사람이 많이 붐빈다. 로쿰 색깔과 모양이 각양각색이다. 종류와 크기가 다양해서 보는 재미가 있다. 어떤 맛일지 궁금했다. 점원이 조금 떼어서 맛보라고 주었다. 설탕과 전분을 주원료로 만들어 달콤하고 쫀득하다. 젤라틴을 사용하는 젤리와는 식감이 비슷하면서 맛이 더 달다. 내 입맛에 맞다. 견과류가 들어 있는 로쿰은 피곤할 때 먹으면 피로 해소에 좋겠다. 터키 사람들은 달콤한 것을 좋아하는 것 같다. 선물로 몇 통 샀다(먹어본 사람들은 너무 달아서 별로라고 했다).

케밥은 즐겨 사 먹는 길거리 대표 음식이다. 11세기 오스만 제국 시대부터 전파되었다. 한국에서 가끔 사 먹었는데, 현지 맛을 도저히 따라 올 수 없어 터키가 그리웠다. 잘게 썬 여러 종류의 고기 조각을 긴 꼬치에 차곡차곡 쌓아 굽는다. 밀가루 전병에 구운 고기와 채소를 넣어 돌돌 말아 먹는다. 맛있고 고기가 들어 있어 한 끼 식사로 든든하다. 흔히 볼 수 있는 케밥은 시시 케밥인데, 터키에 와서 보니 케밥 종류가 수십 가지다. '맛동산'처럼 생긴 고기는 너무 짜서 한 번으로 족했다.

이름도 재미있는 돈두르마 아이스크림. 한국 사람이 보이면 쫀득쫀득, 쫄깃쫄깃한 아이스크림을 사라고 외친다. 찹쌀떡, 인절미가 아니다. 부드럽고 잘 녹는다는 아이스크림의 고정관념을 파괴했다. 우유에 설탕, 살렙, 유황 수지를 넣어 만든 터키식 아이스크림이다. 18세기 오스만 제국 시절에 차로 마시던 살렙 음료를 우연히 얼려 먹은 것이 기원이다. 조직을 치밀하게 만들어 상온에서도 잘 녹지 않아, 여유 있게 먹을 수 있다. 파는 사람도, 먹는 사람도, 구경하는 사람도 즐겁다. 빨강 모자를 쓰고 조끼를 입고 콧수염을 기른 중년 아저씨는 보기에도 익살스럽다. 주문한 손님에게 아이스크림을 줄 듯, 말 듯 약을 올린다. 웃음이 빵 터진다.

탁심광장에 어둠이 깔렸다. 낮과는 또 다른 모습이다. 한낮의 열기는 조금 식어 바닷바람이 선선하게 분다. 광장에서 하는 행사들은 구경거리다. 특히 해외여행 중일 때는 가보게 된다. 여러 개의 천막 부스 안에는 기념품과 수공예품이 많다.

맞은편에 사람이 많이 모인 곳으로 갔다. 객석에 빈자리가 없다. 라이브 콘서트를 하는 것 같다. 밴드가 음을 조율한 후 여가수가 터키 노래를 불렀다. 여행하면서 그 나라 노래 듣는 것을 좋아한다. 사연이 있는 노래인 듯 리듬과 가수의 표정이 애잔하다. 무슨 뜻일까? 사람들의 호응이 좋다. 서서 몇 곡을 들었다.

사람 사는 냄새가 나는 발랏

이스탄불 2박 3일을 머물면서 돌마바흐체궁전 다음으로 기대되는 페네 지구로 갔다. 이스탄불에서 오랫동안 살아온 서민들의 생활을 엿볼 수 있는 곳이다. 터키 사람들은 발랏이라고 부른다. 필리핀 사람들이 즐겨 먹는 전통 보양식 발롯이 생각났다.

99A 시내버스를 탔다. 창밖에는 이스탄불의 익숙한 풍광이 스쳐 지나간다. 낯선 곳에서 시내버스 타는 것을 좋아한다. 보이는 모든 것이 새로워, 무엇을 타든지 여행을 만끽한다. 30여 분을 달려 운전기사의 내리라는 손짓을 받고 내렸다. 허름한 도시 외곽지다. 바로 앞에 보스포루스 바다가 보인다. 지나가는 아가씨에게 페네 지구로 가려면 어떻게 가면 되는지 물었다. 앞으로 200m쯤 가다가 왼쪽 위로 올라가면 된다고 알려주었다.

좁은 비탈길을 올라갔다. 오래돼 보이는 낡은 건물들은 유리창이 깨지고 창틀이 뒤틀어졌다. 가난해 보이지만 사람들의 표정이 밝아 위험하지 않은 것 같아서 마음이 편하다. 좁은 골목길과 보통 사람들의 평범한 일상 모습이 정겹다. 앤틱과 빈티지가 어울린다. 영상과 사진에서 본 한가로우면서 낭만적인 모습이다. 원색 페인트를 칠한 집들이 눈에 익다. 부라노섬을 떠올렸다. 파란 하늘 아래 색의 조화로움이 어울린다. 건물 사이 위에 무지개 우산이 걸려 여행자를 맞이한다.

예쁜 색을 칠한 카페를 만났다. 뜨거운 햇살에 오렌지즙으로 목을 축였다. 황동색 스피커와 축음기가 가게 앞에 있어 안으로 들어갔다. 골동품 가게처럼 오래전에 사용하던 익숙한 전자제품과 LP판이 많다. 사진과 즐겨 보던 영화 포스트가 벽에 가득 걸렸다. 우리나라 1970~1980년대로 되돌아간 느낌이다. 우리나라 박물관에 있을 법한 것들이 이곳에서 유통되는 것이 신기하고 반가웠다. 이곳은 아저씨들의 사랑방인지 여럿이 앉아 물담배를 피우며 이야기를 나눈다.

"어디서 왔나요?"

"한국에서 왔습니다."

"남쪽인가요, 북쪽인가요?"

"남한에서 왔습니다."

"오, 형제의 나라에 오신 것을 환영합니다."

"물건들이 친근감이 느껴져 좋아요. 사진 찍어도 될까요?"

"물론입니다. 마음껏 편하게 찍으세요."

활짝 웃는 귀여운 아이들

골목이 꼬리에 꼬리를 물고 이어진다. 길은 어디서나 통한다. 이 길 끝은 어디로 이어질까? 저 길 끝에는 무엇이 있을까? 골목길을 돌아서면 어떤 풍경이 펼쳐질까? 호기심을 자극한다. 궁금함에 자꾸 걷게 된다. 산을 오를 때도 비슷하다. 산 너머에는 무엇이 있을까?

사람이 많이 다니지 않아 조용하다. 낯선 외국인에게 경계심이 없는 것 같다. 그런 행동이 여행자는 편하다. 야트막한 언덕에 집이 많다. 달동네의 전형적인 모습이다. 4층 창문에서 바구니에 줄을 매달아 내린다. 재밌고 편리한 생활의 지혜다. 아이들의 재잘거림과 웃음소리가 골목에 활짝 피어난다. 아이들이 있어 오래된 거리가 생동감 넘친다. 호기심 가득한 눈망울로 나를 쳐다보는 모습이 예쁘고 귀엽다. 낯선 이방인에게도 스스럼없다. 아이들의 미소가 빛나는 것은 그들의 미래에 희망이 있기 때문이다. 구걸하거나 손 내미는 아이가 없다. 가까운 곳에 가게라도 있으면 뭐라도 사주고 싶다. 우리나라에서는 골목에서 아이들을 점점 보기 힘들어져 안타깝다.

빨래와 무화과

펄럭펄럭….

여러 모양을 한 빨래들이 건물 사이에서 바람에 휘날린다. 바람 부는 대로 신나게 춤을 춘다. 눈부신 태양 아래 빨래가 널려 있는 것을 보면 기분이 좋아진다. 햇살 샤워를 하며 뽀송뽀송하게 잘 마르고 있다. 베란다에 빨래가 걸렸다. 어떻게 널었을까? 아마 도르래를 이용해서 줄을 당겨 빨래를 널 것 같다. 이웃 사이가 좋은가보다. 사람 사는 냄새가 나는 동네다. 두 사람이 동시에 같이 널 때는 마주 보며 이야기를 하는 장면이 상상된다.

나라마다 빨래 너는 것이 다르다. 이곳은 셔츠 아래 단에 빨래집게를 집어서 거꾸로 넌다. 중국과 홍콩은 긴 대나무에 빨래가 있다. 비가 내려도 급하게 걷지 않는다. 필리핀 사람들은 옷을 뒤집어 줄에 넌다. 햇살이 너무 강렬해서 옷 색깔이 변하기 때문이다. 매일 비누 거품을 많이 내어 손빨래를 열심히 한다.

조용한 성당을 돌아보고 나왔다. 성당 정원 안에 무화과나무 가지가 바깥으로 나왔다. 몇 사람이 서서 무화과를 맛있게 먹고 있다. 무화과를 좋아한다. 말린 무화과도 맛있게 먹는다. 먹는 아가씨 모습이 예뻐서 사진을 찍었다. 나를 보더니 빙그레 웃는다. 맛있냐고 물었다. 맛있다며 하나 준다. 한국에서 먹은 것보다 더 달다. 햇살이 좋아서 과일도 충분히 단맛을 내는 것 같다. 무화과를 건넨 아가씨에게 무화과는 꽃이 없는 열매다. 무화과는 바깥에 꽃이 피지 않고 과일 안에 꽃이 핀다. 꽃과 과일을 동시에 먹는 것이라고 말했다. 어떻게 알았냐며 눈을 동그랗게 뜨고 놀라는 표정을 짓는다. 남이 몰랐던 상식을 알려주는 것을 좋아한다. 다른 성당 안에서 우연히 반갑게 인사를 나누었다. 성경에 있는 무화과에 관한 구절이 생각난다.

"비록 무화과나무가 무성하지 못하며 포도나무에 열매가 없으며 감람나무에 소출이 없으며 밭에 먹을 것이 없으며 우리에 양이 없으며 외양간에 소가 없을지라도 나는 여호와로 말미암아 즐거워하며 나는 구원의 하나님으로 말미암아 기뻐하리로다. 주 여호와는 나의 힘이시라."

- 하박국 3장 17~18절

평범한 일상이 평화롭다

내가 사는 곳에 외국인이 많이 보인다면 어떤 생각이 들까? 하루가 다르게 여행자들이 많이 찾아온다면 주민들은 어떤 반응을 보일까? 페네

지구에 사는 사람들은 신경 쓰지 않는 것 같다. 2층 베란다에서 엄마가 빨래를 널고 있다. 그 옆에서 귀여운 꼬마가 방긋 웃으며 손을 흔든다. 돌로 만들어 세월이 느껴지는 도로 가운데서 고양이가 두리번거린다. 테라스에 점잖게 앉아 있는 잘생긴 개는 이방인이 다가가도 짖지 않고 가만히 있다. 무지개 색깔의 알록달록한 우산이 햇살을 받아 반짝인다. 보넷에 터키 국기가 그려진 오래된 승용차가 지나간다.

이 모든 것이 한 폭의 그림이다. 외국인이 왔다고 달라지지 않는다. 그들은 그들만의 방식으로 하루를 살고 있다. 어제 같은 오늘. 어쩌면 내일도 오늘 같을지 모른다. 삶의 무게에 남모를 걱정과 고민을 안고 있을지도 모른다. 그런데도 여행자가 보기에는 잔잔하고 평화롭게 시간이 흐르고 있다. 개성 있게 단장한 카페 안과 밖에는 여행자들이 도란도란 이야기를 나누며 차를 마신다. 나도 저곳에 앉아서 마음이 통하는 누군가와 차를 마시며 이야기를 하고 싶어졌다.

다른 골동품 가게 안으로 들어갔다. 손때 묻은 낡은 물건에서 세월이 느껴진다. 이 물건을 사용한 사람은 어떤 사람일까? 어떤 필요에 의해서 다른 사람이 사갈 것이다. 붉은 벽돌로 지은 덩치 큰 성당이 있다. 문이 닫혀서 들어가지 못했다. 페네 지구는 동로마 제국 때부터 이어져 온 역사 깊은 곳이다. 정교회 총대주교가 있었다. 연륜이 느껴지는 문 닫힌 거대한 성당보다 사람 사는 동네가 더 친근감이 느껴져 좋다.

작지만 화려한 성 요로고스 성당

페네는 '등대'라는 뜻이다. 바다가 보이는 언덕에 마을이 있어서 그런 것 같다. 변함없이 이스탄불을 비추고 있다. 인도의 시성 타고르 (1861~1941년)가 일제강점기에 신음하는 조선에게 희망의 메시지로 헌정한 짧은 시 〈동방의 등불〉이 생각났다.

이곳은 시간이 천천히 흐르는 것 같다. 과거에는 어땠는지 모르지만, 지금은 그렇다. 오래되어 낡고 허름한 전통 가옥을 보니 여러 생각이 들었다. 조상 대대로 물려받아 살고 있을 것이다. 우리나라 같으면 바로 재개발에 들어갔을 것이다. 이곳은 개발 제한 지역으로 지정되어, 건물을 신축하거나 재건축하는 것은 어렵다. 정책적으로 사람 사는 동네를 그대로 보존하는 것 같다. 다행인 것은 삶의 찌든 모습이 아니다. 좁은 골목에서 사람 사는 냄새가 난다. 이웃 간에 사이좋고 인정이 넘칠 것 같다.

세상의 이치가 그렇다. 빛과 그림자. 전통을 계승하는 보통 사람들. 국가는 권력과 힘이 있는 사람들이 이끌어가는 것 같지만, 역사의 흐름을 돌이켜보면 평범한 국민이 만들어간다.

걷다 보니 성 요로고스 성당에 도착했다. 외형은 일반적인 비잔티움 양식의 정교회 성당과 달리 신고전주의 영향을 받았다. 1453년까지 동로마 제국(비잔티움 제국)의 수도(당시 명칭은 콘스탄티노폴리스)에서 동방정교회 중 남아 있는 최고의 성당이다. 총 대주교는 정교회 신자들의 영적 지도자이다.

세계에서 차지하고 있는 위상에 비해 성당 규모가 작다. 그 이유는 터키는 이슬람교도가 98%를 차지하기 때문이다. 모스크보다 작아야 한다고 규정했기 때문이다. 성당 안으로 들어갔다. 성당 특유의 어둡고 조용하며 가라앉는 분위기다. 지금까지 방문했던 성당이나 정교회와는 사뭇 달랐다. 제단은 금박으로 치장하여 위엄을 나타내려는 듯 화려하다. 가운데 샹들리에와 늘어뜨린 등이 특징인 것 같다. 본당은 넓이가 넓지 않은데 여러 부속물이 많아서 더 좁고 어수선하게 느껴졌다.

멋쟁이 엄마와 귀여운 딸이 셀카를 열심히 찍는다. 사람들이 줄을 서서 제단 옆에 있는 기둥 가운데에 손가락을 댄다. 많은 사람의 지문으로 그 부분만 반질반질하다. 나도 줄서서 기다리다가 따라 했다. 엄마가 미소 지으며 엄지 척 한다.

우연히 방문한 성 요로고스 성당 앞 수도에서 세수하고 잠시 쉬었다. 시간에 쫓기지 않는 자유여행의 장점이다.

한국전쟁 참전용사

다른 나라에서 하는 시장 구경은 재밌다. 한국에서 볼 수 없는 물건들을 보기 때문이다. 물건 파는 사람의 행동은 다르지만, 많이 팔고 싶은 마음은 비슷하다.

여행 마지막 날이다. 선물 사는 것을 마무리해야 한다. 그랜드 바자르는 관광객을 상대하기 때문에 대체로 2~3배 비싸다. 현지인들이 가는 시장으로 갔다. 괴레메에서 목걸이, 팔찌, 액세서리, 냄비 받침대를 샀다. 오늘은 남자들 선물로 가죽 지갑과 벨트를 사려고 한다. 몇 군데 둘러보았다. 가죽 제품을 전문으로 판매하는 전통 있는 가게에 들어갔다. 인상 좋은 사장님이 반기신다.

"안녕하세요?"

"어디에서 오셨나요?"

"네. 남한에서 왔습니다."

"아버지께서 한국전쟁에 참전했었습니다."

"아, 그래요? 감사합니다."

"한국은 터키와 혈맹 국가, 형제 나라입니다."

"맞습니다."

"터키 분들이 한국 사람을 좋아해 주셔서 감사합니다."

사장님은 한국에서 왔다고 하니 무척 반가워하셨다. 애플 티 한 잔을 주었다. 최근 터키 환율이 많이 떨어져 가죽 제품 가격도 저렴해졌다. 공장에서 가져오는 가격으로 주어서 여러 개 구입했다.

옆 골목에 명품 이미테이션 가게들이 많다. 뭐 살 것이 있나 싶어 둘러보고 있는데, 중년 여성이 다가왔다. 본인을 대학교수라고 소개했다. 자주 가는 단골 가게가 있는데 소개해주겠다며 같이 가자고 했다. 호기심에 따라갔다. 걸어가면서 다른 가게들은 질이 떨어진다고 했다. 주인과 말하는 것으로 봐서 호객꾼은 아닌 것 같다. 그는 좋은 물건을 사고 여행 잘하라고 하고 자리를 떠났다. 젊은 사장은 단골 교수님 소개로 오셨으니 특별하게 잘해주겠다고 말했다.

다시 봐도 대단한 이집션 바자르

이집션 바자르라고 부르는 그랜드 바자르에 다시 왔다. 오늘도 아치형 돔 안의 시장은 많은 사람들로 발 디딜 틈 없이 붐볐다. 세계에서 가장 크고 오래된 대형 시장답다. 아치형 지붕은 다시 봐도 멋지다. 선물도 샀겠다, 이번에는 안 가본 구역으로 간다. 반짝이는 금은 세공품이 가득한 보석 가게가 즐비하다. 다양한 형태의 금 장신구들이 화려하다. 구경하는 여인들의 눈이 반짝인다. 같이 온 남자의 표정은 불안해 보인다. 터키 여인들도 금을 좋아하는 것 같다. 금팔찌가 굵다. 눈이 커서 그런가?

형형색색 아름다운 여러 종류 등들이 눈을 사로잡는다. 거실에 예쁜 등 하나 있으면 좋겠다. 들고 가면 깨질 것 같아 사지는 못하고 사진을 찍었다. 아라비아풍 도자기와 공예품을 보니 박물관에 온 듯하다. 재밌는 시장 구경은 계속된다.

훈제 고기가 주렁주렁 달려 있는 곳으로 갔다. 하몽을 닮았다. 단단해 보이는 고기를 채 썰듯이 얇게 썰었다. 고도로 숙련된 기술이다. 시장이 넓어 구경할 것도 많다. 썰렁한 시장보다는 사람들로 북적이는 것이 생동감 있고 훨씬 낫다. 다양한 종류의 향신료가 색색으로 수북이 쌓인 가게가 눈에 들어왔다. 피라미드처럼 쌓여 신기했다. 나도 위에서 부으면 저렇게 될까?

요리할 때 넣으면 어떤 맛이 날까? 풍미가 깊어질까? 자연에서 얻은 많은 식재료를 건조한 것이 주렁주렁 달렸다. 여러 종류의 견과류 가게도 곳곳에서 시선을 끈다. 처음 보는 것이 보이면 맛이 궁금해진다. 어떤 맛일까? 그런데도 사지 않는 이유가 뭘까? 혼자라서 그렇다.

가게 안에 들어가면 애플 티를 준다. 시식하는 로쿰을 맛보면서 하는 시장 구경이 재밌지만, 시간이 갈수록 알 수 없는 피로감이 엄습한다. 화장실에 가고 싶다. 그랜드 바자르 화장실은 바깥에 있는데 입장료가 있다. 그런 만큼 깨끗하고 쾌적하다. 시장 규모와 방문자 수를 생각하면 화장실 안에 사람이 많지 않다. 시장 밖에도 역시 볼거리가 많다. 오늘도 아침부터 이스탄불 여러 지역을 부지런히 다녔다. 24시간이라서 다행이다. 이제 쉴 수 있다. 저녁 식사로 숯불 바비큐를 먹으면서 밤이 깊

어지기를 기다린다.

고등어 케밥은 추억의 음식이다

고등어 케밥을 파는 곳으로 갔다. 26년 만에 추억의 장소에서 고등어 케밥을 보니 감회가 새로웠다. 바다 위에 배 몇 척이 떠 있다. 고등어 고기잡이배일까? 이물(배 앞부분)에는 특이하게 용이 있다. 반갑기도 하고 궁금하기도 하다.

배 안에서는 붉은 옷을 입은 남자들이 땀을 닦으며 쉴 새 없이 넓은 철판에 명절에 전을 굽듯이 고등어를 굽고 있다. 주변은 자욱한 연기와 더불어 노릇노릇하게 익은 고등어 냄새가 진동한다. 간이식당에는 사람들로 북적인다. 이곳에서는 무엇을 먹을까 고민할 필요가 없다. 국적과 인종을 불문하고 남녀노소가 고등어 케밥을 먹고 있다. 손에 들고 입을 커다랗게 벌려 먹는 모습이 자연스럽다.

'고등어 케밥을 먹으면서 추억 속에 풍덩 빠져볼까나?'

'안 돼, 1시간 전에 숯불 바비큐를 먹어 배가 부르잖아.'

'오늘 아니면 또 언제 먹겠니?'

'배부름이 문제니? 넌 충분히 먹을 수 있어.'

내 안의 두 남자가 실랑이한다.

에미뇌뉘에 세 번째로 왔다. 이스탄불 교통의 중심지이며 하루 유동 인구가 가장 많은 곳이다. 페리, 지하철, 트램, 버스, 택시에서 사람들이 쏟아진다. 차와 사람 소리가 광장에 가득 울려 퍼진다. 쉴 새 없이 쏟아지는 많은 말들이 연기처럼 하늘로 사라진다. 곁에 누군가 함께였으면 그 사람과 이야기하느라 주위를 제대로 살펴보지 못했을 것이다. 혼자라서 천천히 둘러보게 된다.

보스포루스 대교를 중심으로 하늘과 바다가 같은 색이 되었다. 태양은 사라지고 하늘과 땅은 완전히 어둠에 잠겼다. 1561년 오스만 튀르크 제국의 최고 건축가 미마르 시난이 건축한 뤼스템 파샤자미 모스크가 검게 보인다. 내가 이스탄불에 있음을 알려준다.

한인 민박집으로 가기 위해 승강장에서 기다렸다. 트램이 저만치 오다가 잠시 멈추고는 다시 돌아갔다. 이상한 일이다. 옆에 서 있던 귀여운 아가씨가 놀란 몸짓을 하는 나를 보고 어깨를 들썩이며 싱긋 웃었다. 이곳까지 운행하는 트램이며, 다음에 오는 트램을 타면 된다고 알려주었다. 트램을 같이 탔다. 파묵칼레에서 유학 온 대학생이며 통계학을 공부한다고 했다. 나도 경제학을 공부했다고 하니 말이 통했다. 26년 전에 파묵칼레를 여행했다고 하니 놀라며 반가워했다. 지금은 물이 많이 줄어서 안타깝다고 했다. 셀카를 잘 안 찍는데 같이 찍고 이메일을 주고받았다.

42일간의 여행 마지막 밤이 깊어간다.

 여행하지 않은 사람은 무궁무진하게 재미있는 책 앞부분만 읽은 것과 같다. 어느덧 한국으로 돌아갈 아침이 밝았다. 민박 주인 부부와 여행자들은 단잠에 빠졌다. 거실문을 열고 베란다로 나갔다. 아침 햇살이 눈부시다. 바닷바람이 시원하게 불어 기분이 상쾌하다.

 42일간의 여정이 꿈만 같다. 터키의 바람을 시작으로 여러 나라, 여러 도시에서 다양한 바람의 노래를 듣고 왔다. 같은 바람이라도 지역과 환경에 따라 느낌이 다르다. 아이들의 해맑은 웃음 소리가 귀에 들리는 것 같다.

 터키-불가리아-루마니아-헝가리-오스트리아-체코-오스트리아-이탈리아-슬로베니아-크로아티아-보스니아 헤르체고비나-몬테네그로-터키.

 촬영한 사진을 돌려보니 그동안 있었던 대부분의 일이 생생하게 떠올랐다. 추억은 진한 향기가 되어 순식간에 시간을 거슬러 올라갔다. 하루하루가 즐겁고 행복한 여행이었다. 내일은 어떤 일들이 일어날지 기대되고 궁금했다. 사고 없이 몸 다치지 않고 건강하게 잘 마치게 되어 감사하다. 한국에서 가져온 가끔 복용하던 처방 약과 비상약들은 거의 사용하지 않았다.

 6kg이 빠져 몸이 가벼워졌다. 역시 장기간의 자유여행은 최고의 다이어트다. 42일 동안 계획대로 잘 다녔다. 여행지에서 나는 시간의 주체가 된다. 계획대로 알차게 시간을 보내서 뿌듯하다. 시간, 시간이 쌓여서

나의 가슴속에는 또 하나의 커다란 작품이 생겼다. 짧은 만남이었지만 좋은 사람들을 만나서 즐거웠다. 여행 중간 21일 동안 아내와 효은이와 함께 여행해서 더할 나위 없이 좋았다. 26년 전에 나 홀로 다니던 여러 도시를 같이 걸으니 감회가 새로웠다. 사진을 보니 모두 활짝 웃는 얼굴이 보기 좋다. 남은 인생 이렇게 웃으며 살고 싶다.

가족과 함께 다니기 전후 21일 동안 나 홀로 배낭여행을 했다. 도미토리룸 4인실부터 14인실에 머물며 세계 각지에서 온 여행자들과 공동생활을 했다. 서양 여행자들은 내 나이를 의식하지 않아 편했다. 오히려 10년은 젊게 보았다.

겨울에는 넉넉한 일정으로 동남아시아 여행을 계획하고 있다. 앞으로 2년마다 장거리 여행을 떠날 생각이다. 남유럽, 서유럽, 중앙아시아, 실크로드, 오세아니아…. 아프리카는 3개월, 중남미는 6개월을 예상한다.

여행을 생각하면 기분이 좋아진다. 20년 후에는 3대가 모여 이번에 다녀온 도시들을 다시 돌아볼 수 있기를 소망한다.

즐겁게 여행을 마치고, 네 번째 책을 출간하게 되어 기쁘고 감사한 마음이다.

다음 여행기는 동남아시아다. 어떤 일들이 펼쳐질지 벌써 기대된다.